U0159300

储能电站技术监督
培训教材

中国电力技术市场协会
华电电力科学研究院有限公司 ｜ 编
电力行业技术监督协作网

中国电力出版社
CHINA ELECTRIC POWER PRESS

内 容 提 要

为了强化储能项目的规划、设计、安装、运行、维护等全过程的技术监督工作，完善储能企业技术监督体系，中国电力技术市场协会组织华电电力科学研究院有限公司等单位，根据现行的储能相关标准、制度和规定，结合电力技术监督的基本程序和现场技术管理经验，组织编写了《储能电站技术监督培训教材》。

本书共分为九章，主要内容包括储能电站基础知识、电力技术监督概述、储能电站技术监督体系、储能电站设计选型监督、储能电站安装调试监督、储能电站运维检修监督、储能电站技术监督管理、储能电站技术监督检查与评价、储能电站技术监督管理信息化建设等。

本书紧贴储能电站技术监督的要求，可作为储能电站技术监督培训用教材，也可作为从事储能电站相关工作的技术人员和管理人员的工作参考资料。

图书在版编目（CIP）数据

储能电站技术监督培训教材 / 中国电力技术市场协会，华电电力科学研究院有限公司，电力行业技术监督协作网编 . — 北京：中国电力出版社，2024.4
ISBN 978-7-5198-8645-5

Ⅰ . ①储…　Ⅱ . ①中…　②华…　③电…　Ⅲ . ①储能－电站－技术监督－技术培训－教材
Ⅳ . ① TM62

中国国家版本馆 CIP 数据核字（2024）第 075009 号

出版发行：中国电力出版社
地　　　址：北京市东城区北京站西街 19 号（邮政编码 100005）
网　　　址：http://www.cepp.sgcc.com.cn
责任编辑：赵鸣志（010-63412385）
责任校对：黄　蓓　张晨荻
装帧设计：赵丽媛
责任印制：吴　迪

印　　　刷：三河市航远印刷有限公司
版　　　次：2024 年 4 月第一版
印　　　次：2024 年 4 月北京第一次印刷
开　　　本：787 毫米 ×1092 毫米　16 开本
印　　　张：7.75
字　　　数：165 千字
印　　　数：0001—1000 册
定　　　价：55.00 元

编写委员会

主　　任	潘跃龙
主　　编	左晓文
副 主 编	张钟平　王劲松
执行主编	刘丽丽　石　岩　许宝霞
审　　核	王劲松　姚　谦　杨　琨　李秀芬
编写人员	刘世富　张　超　钱准立　张　平　牟　敏
	李欣璇　温强宇　林　达　鲁　鹏

前　言

　　新型储能是构建新型电力系统的重要技术和基础装备，是实现碳达峰碳中和目标的重要支撑。截至 2023 年底，全国已投运新型储能项目装机规模达 3139 万 kW/6687 万 kWh，平均储能时长约 2.1h，其中锂离子电池储能占比 97.4%。

　　技术监督是保证电力企业安全生产、稳定运行的重要技术手段，是电力企业生产过程的重要组成部分。储能项目具有设备规格型号多、产品质量参差、系统集成方案各异、运行维护要求高等特点，所以开展储能技术监督对储能电站的安全稳定运行非常重要。为了强化储能项目的规划、设计、安装、运行、维护等全过程的技术监督工作，完善企业技术监督体系，注重培养、提高技术监督管理工作人员的综合素质，了解储能电站常规的技术监督项目和实施方法，中国电力技术市场协会组织华电电力科学研究院有限公司等单位，根据现行的储能相关标准、制度和规定，结合电力技术监督的基本程序和现场技术管理经验，组织编写了《储能电站技术监督培训教材》。

　　本书系统介绍了储能电站基础知识、储能电站技术监督主要内容和监督体系建设等，全书共分为九章，主要包括储能电站基础知识、电力技术监督概述、储能电站技术监督体系、储能电站设计选型监督、储能电站安装调试监督、储能电站运维检修监督、储能电站技术监督管理、储能电站技术监督检查与评价、储能电站技术监督管理信息化建设等内容。

　　本书紧贴储能电站现场技术管理的要求，可作为储能电站技术监督培训用教材，也可以作为从事储能电站相关工作的技术人员和管理人员的工作参考资料。

本书在编写过程中，得到了中国大唐集团科学技术研究总院有限公司、华北电力试验研究院等单位的支持与帮助，在此一并致谢。由于编者水平有限，难免存在不妥之处，敬请广大读者批评指正。

编　者

2023 年 12 月

目 录

第一章

储能电站基础知识

第一节　储能电站类型

随着我国经济社会持续发展，能源生产和消费模式正在发生重大转变，储能技术是推动主体能源由化石能源向可再生能源更替的关键技术，高占比可再生能源亟需储能作为平衡点。新型储能是构建新型电力系统的重要技术和基础装备，是实现碳达峰碳中和目标的重要支撑，是催生国内能源新业态、抢占国际战略新高地的重要领域，也是贯彻"四个革命、一个合作"能源安全新战略的必然选择。"十四五"期间，我国将推动电力系统向适应大规模高比例新能源方向演进，同时创新电网结构形态和运行模式，增强电源协调优化运行能力，需要加快新型储能技术规模化应用。《2030年前碳达峰行动方案》（国发〔2021〕23号）提出大力发展新能源，到2030年，风电、太阳能发电总装机容量达到12亿kW以上，加快建设新型电力系统需要提升电力系统综合调节能力，加快灵活调节电源建设。

《关于加快推动新型储能发展的指导意见》（发改能源规〔2021〕1051号）等多项政策从国家层面明确了新型储能产业发展目标：到2025年，实现新型储能从商业化初期向规模化发展转变，装机容量达3000万kW以上；到2030年，实现新型储能全面市场化发展。《关于进一步推动新型储能参与电力市场和调度运用的通知》（发改办运行〔2022〕475号）等多项政策提出明确新型储能独立市场主体地位，加快推动独立储能参与电力市场配合电网调峰，充分发挥独立储能技术优势，推动新型储能参与各类电力市场，完善与新型储能相适应的电力市场机制，为逐步走向市场化发展破除体制障碍。

电化学储能是新型储能重要组成部分，其占比最高。随着技术手段的不断发展，电化学储能正越来越广泛地应用到各个领域，尤其是电动汽车和电力系统中。2022年底，全国已投运新型储能项目装机容量达870万kW，平均储能时长约2.1h，比2021年底

1

增长 110% 以上。全国新型储能装机中，锂离子电池储能占比 94.5%，压缩空气储能占比 2.0%，液流电池储能占比 1.6%，铅酸（炭）电池储能占比 1.7%，其他技术路线占比 0.2%。从 2022 年新增装机技术占比来看，锂离子电池储能技术占比达 94.2%，仍处于绝对主导地位，新增压缩空气储能、液流电池储能技术占比分别达 3.4%、2.3%，占比增速明显加快。此外，飞轮储能、重力储能、钠离子储能等多种储能技术也已进入工程化示范阶段。

一、锂离子电池

锂离子电池（锂电池）实际上是一个锂离子浓差电池，正、负电极分别由两种不同的锂离子嵌入化合物构成。充电时，锂离子从正极脱嵌，经过电解液进入负极，此时负极处于富锂态，正极处于贫锂态。放电时则相反，锂离子从负极脱嵌，经过电解液嵌入正极，此时正极处于富锂态，负极处于贫锂态。锂电池是目前相对成熟技术路线中能量密度最高的实用型电池；转换效率可达到 95% 及以上；一次放电时间可达数小时；循环次数可达 5000 次及以上，响应快速。锂电池根据不同的正极材料，主要可以细分为四类：钴酸锂电池、锰酸锂电池、磷酸铁锂电池和多元金属复合氧化物电池，多元金属复合氧化物包括三元材料镍钴锰酸锂、镍钴铝酸锂等。

磷酸铁锂电池具有结构稳定性和热稳定性高、常温循环性能优异等特点，并且铁和磷的资源丰富，对环境友好，具有高能量密度和高功率密度的优势，成为目前主流的技术路线，在我国储能中的装机容量占比最大，增长幅度也最快，已成为发展最快的电化学储能技术。与动力锂电池相比，储能用锂电池对能量密度的要求较为宽松，但对安全性、循环寿命和成本要求较高。磷酸铁锂电池是现阶段各类锂离子电池中较为适合用于储能的技术路线，目前已投建的锂电池储能项目中大多采用这一技术。此外，钛酸锂电池因其超长的循环寿命也受到广泛关注，随着未来技术进步、成本降低，有望在储能领域实现规模化应用。与其他锂电池比较来说，磷酸铁锂电池至少具有以下优点：

（1）更高的安全性。锂材料都会在一定温度时发生分解，如镍钴锰酸锂、镍钴铝酸锂会在 200℃ 左右发生分解，而磷酸铁锂材料则是在 300℃ 左右，并且其他锂电池中锂材料的化学反应更加剧烈，释放氧分子，使电解液在高温作用下迅速燃烧，发生连锁反应，即其他锂材料比磷酸铁锂材料更容易着火。图 1-1 所示为不同锂材料热分解温度和释放的能量，从横坐标可看出磷酸铁锂材料分解温度高，从纵坐标可看出磷酸铁锂材料释放的能量低，因此磷酸铁锂材料更加安全。

（2）更长的使用寿命。磷酸铁锂材料是目前最安全的锂离子电池正极材料，其循环寿命可达到 2000 次以上。

（3）不含任何重金属和稀有金属。磷酸铁锂不含钴等贵重元素，原料价格低，且磷、铁资源含量丰富，不会出现供应问题。

（4）支持快速充电。磷酸铁锂产业成熟度更高，支持快速充放电。

（5）工作温度范围广。与其他锂离子电池相比，磷酸铁锂电池工作范围更广，尤其是高温下充放电性能更好，见表 1-1。

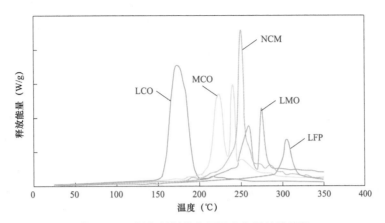

图 1-1 不同锂材料热分解温度和释放的能量

LOC—钴酸锂；LMO—锰酸锂；MCO—碳酸锰；NCM—镍钴锰酸锂；LFP—磷酸铁锂

表 1-1   磷酸铁锂电池与其他材料锂离子电池性能比较

项目	磷酸铁锂（LFP）	其他材料锂离子电池	
		镍钴锰酸锂（NCM）	镍钴铝酸锂（NCA）
电压平台（V）	3.4	3.6~3.9	3.6
比容量（mAh/g）	130~150	150~220	170~200
振实密度（g/cm³）	1.0~1.4	2.0~2.3	2.0~2.4
能量密度（Wh/kg）	90~120	160~200	180~240
循环寿命（次）	> 2000	800~2000	500~1000
工作温度（℃）	-20~75	-30~65	-30~65
成本	低	较高	较高
优点	安全性高、环保、寿命长	电化学性能稳定、循环性能好	能量密度高、低温性能好
缺点	低温性能较差、放电电压低	使用部分金属钴，价格高	高温性能差、安全性差、技术门槛高
应用领域	动力电池、储能电池	小电池、动力电池	小电池、动力电池

目前，锂离子电池储能是规模化应用最为广泛的新型储能技术路线，我国锂离子电池储能技术发展成熟，未来将通过技术创新不断提升循环寿命和安全性能，向吉瓦时级储能系统规模方向发展。精确的电池热管理技术对于锂离子电池的大规模应用是非常重要的，高效、环保和低成本将是未来电池热管理技术的发展趋势。未来需要研发更高化学稳定性、更大能量密度的正、负极材料，研究基于水系电解液或全固态电解质的新型锂电池体系，实现安全性、循环次数和能量密度明显提高（见表 1-2）。

表 1-2 锂电池系统技术特点

特点	具体内容
使用场景多，技术进步快，发展潜力大	锂离子储能电池功率和能量可以根据不同应用需求灵活配置，具有响应速度快、不受地理资源等外部条件的限制等优势，适合批量化生产和大规模应用，在电力储能方面具有广阔的发展前景
转换效率高，能量密度大	锂离子电池能量转化效率为 90%~95%，质量能量可达 280 Wh /kg，体积能量密度可达 650Wh/L
使用寿命和循环次数需进一步提升	目前锂离子电池使用寿命在 8~10 年，低于电力系统其他设备使用寿命，正常工况下循环次数为 4000~5000 次
安全隐患	电池是高密度能量载体，在充放电过程中会产生热量，当热量产生和累积的速度大于散热速度时，电池内部温度就会持续升高，到达一定程度会引起电解液和隔膜等可燃材料发生剧烈化学反应，导致爆炸
高、低温适应性强	可在 -20℃~60℃的环境下使用，但是应尽量避免在高温环境下充电，温度过高会影响电池寿命
自放电低，且无记忆效应	自放电低，且无记忆效应，可以随充随放

二、液流电池

液流电池系统主要由电池（电堆）、正（负）极储罐、循环泵和管路系统等部件组成，电解液通过外接循环泵在储罐和电池（电堆）中循环流动，电解液平行流过电极表面并在电极表面发生电化学反应。液流电池最大的特点是功率和储能容量相互独立，设计灵活，且循环次数多，使用寿命长（见表 1-3）。液流电池的充放电原理是基于化合价的变化，而非普通电池的物理变化，因此其使用寿命极长。但是液流电池能量密度和功率密度相对较小，而且响应速度较慢。液流电池储存的能量多少取决于储存罐的大小，容量可达兆瓦级，可以储存长达数小时至数天的能量，适合用于电力系统中。目前液流电池的典型功率在 10MW 以上，只适用于大容量、高功率的储能系统。

表 1-3 液流电池系统特点

特点	具体内容
安全可靠，资源丰富	液流电池的储能介质为水基电解液，不存在着火爆炸的危险，且在常温常压下运行，安全性高
功率和储能容量相互独立，设计灵活，扩展性好	液流电池的输出功率由电堆的大小和数量决定，储能容量由电解液的浓度和体积决定。要增加输出功率，只要增大电堆的电极面积和增加电堆的数量；要增加储能容量，只要提高电解质溶液的浓度或者增大电解质溶液的体积
循环次数多，使用寿命长	使用寿命主要受限于电堆，一般为 15~20 年，充放电循环次数可达 10000 次以上，长时间使用后，仍然保持良好的活性

续表

特点	具体内容
能量转化效率不高	运行时需要使用循环泵、电控设备、通风设备等辅助设备，能耗较大，能量转化效率为 60%~80%
能量密度小，占用空间大	受液流电池电解质溶解度等的限制，液流电池的能量密度普遍较低

根据电化学反应中活性物质的不同，液流电池可以分为全钒液流电池、铁铬液流电池、锌基液流电池和全铁液流电池。液流电池主要技术路线的对比见表 1-4。

表 1-4　　　　　　　　　　　液流电池技术路线

技术路线	循环寿命（次）	系统效率	主要优点	主要缺陷	产业化进程
全钒液流电池	>20000	80%	充放电性能好，能量效率高；电解液可再生，无电解液污染问题；技术成熟	初始投资成本较高，能量密度较小	进程最快，百兆瓦级电站已并网，初步实现产业化
铁铬液流电池	>20000	60%~70%	铁铬来源广泛，电解液价格便宜；可运行温度区间较大；毒性和腐蚀性较低，环境友好	电对活性低，伴有析氢副反应；运行过程中会发生电解液的交叉污染，离子隔膜需要高选择性；能量转换效率较低	进程较慢，已实现兆瓦级应用
锌基液流电池	>10000	>70%	锌和铁元素资源丰富，可采用微孔隔膜，成本优势明显；能量密度相对较大	存在锌枝晶问题；溴有一定毒性，防污染要求较严格；容量和功率不能完全解耦	进程较慢
全铁液流电池（酸性）	>10000	80%	元素无害且容易获得，成本较低	存在铁枝晶问题；负极伴有析氢副反应	进程较慢
全铁液流电池（碱性）	>10000	80%	元素无害且容易获得，解决了铁枝晶和析氢问题	需要研发特定的络合物以维持系统稳定	进程较慢

全钒液流电池储能技术特点包含以下几点：

（1）安全性能好。全钒液流电池活性物质为金属钒的水溶液，不会发生燃耗和爆炸，且在常温常压运行，因此全钒液流电池的安全是一种本质安全。

（2）循环寿命长。全钒液流储能电池的充放电循环寿命可达 10000 次以上，日历寿命超过 15 年（一般可达 20 年），是目前各类二次电池里寿命最长的。

（3）资源友好型。全钒液流储能电池使用的金属钒为电解液原料。我国是钒资源大国，储量居世界首位，具有得天独厚的资源优势。

（4）可循环使用。电解质溶液可循环使用和再生利用，节约资源。电池部件多为廉价的碳材料、工程塑料，使用寿命长，材料来源丰富，加工技术成熟，易于回收。

（5）充放电性能好。全钒液流电池储能系统适合大电流快速充放电，具有快速、深度充放电而不会影响电池的使用寿命的特点，且各单节电池均一性良好。

（6）独立设计佳。全钒液流电池的功率和容量相互独立，使得设计更加灵活。输出功率范围在数千瓦至数百兆瓦，储电容量范围在 10kWh 至数百兆瓦时。

（7）可实时、准确监控电池系统荷电状态（SOC）。可通过测量电池系统开路电压对储能系统容量状况进行精确测算。该特性有利于电网进行管理、调度。

全钒液流电池正极和负极的储能活性物质——电解液储存于电池外部的储罐中（见图 1-2），通过电解液循环泵和管路输送到电堆内部并在电极上实现充放电反应，因此液流电池的输出功率与储能容量相互独立、可独立设计，设计和安置灵活（见图 1-3）。此外，全钒液流电池储能系统采用模块化设计（见图 1-4），易于系统集成和规模放大，适用于大规模储能。常见的模块化方案为 1.5MW、6MWh 和 1MW、4MWh，如图 1-5 和图 1-6 所示。

液流电池可以采用分层布置，上层功率模块主要包括电堆、电池管理系统（battery management system，BMS）、换热器、过滤器等部件；下层容量模块主要由正、负极两个储罐及电解液循环泵组成。同时该产品模块拥有自己独立的配电系统、环控系统等自动控制和安全保障系统。电池制冷机外机安装于功率模块预制舱顶部一侧。预制舱内部配置了漏液收集装置，可用来收集泄漏的电解液，最大程度降低电解液泄漏大面积扩散的风险。预制舱内部配置电解液漏液测量传感器，一旦发生电解液泄漏，漏液信号会上传至 BMS，BMS 会根据预设的电池管理运行策略对电池系统进行停机、自动关闭相关阀门、报警等保护性操作，保证电池系统运行安全和运维人员安全。电池模块循环系统配置了温度、液位、流量等传感器，信号上传至 BMS，可实时监控电池系统运行状态，并对系统进行控制，保证系统安全运行。

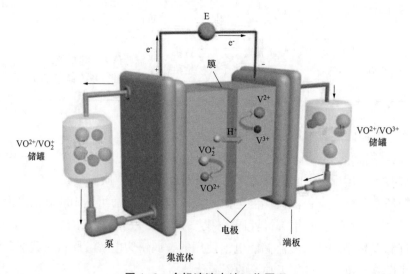

图 1-2 全钒液流电池工作原理

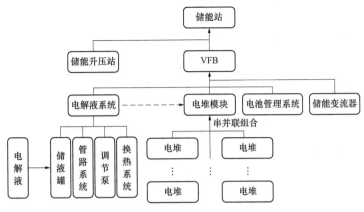

图1-3 储能系统的组成构架

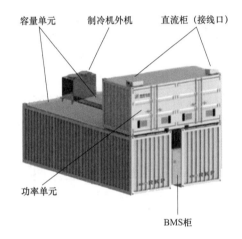

图1-4 全钒液流电池储能系统模块化

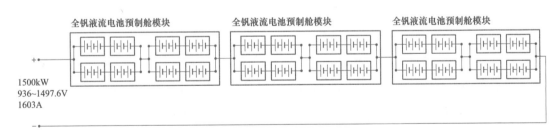

图1-5 1.5MW、6MWh储能单元直流电气接线

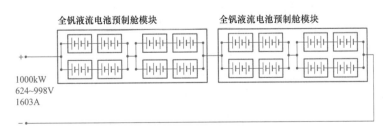

图1-6 1MW、4MWh储能单元直流电气接线

每套储能单元配置 1 套独立的 BMS。BMS 采用主从架构，选取其中 1 台电池模块内的 BMS 软、硬件设备为主站，其余电池模块内的 BMS 软、硬件设备为从站，上级控制系统只与主站进行通信，由主站对串联线路上其他电池模块的运行进行协调。

三、铅酸蓄电池

铅酸蓄电池是一种化学电池，通常由铅（Pb）和氧化铅（PbO_2）的电极、硫酸（H_2SO_4）电解液以及隔膜组成。在充电过程中，电流通过电池，将铅电极氧化成氧化铅，同时还会还原氧化铅电极，生成铅。这个过程是可逆的，允许电池在充电和放电之间来回切换，以存储和释放电能。

（一）性能优势

目前，大规模产业化的二次电池主要有铅酸蓄电池、镉镍电池、氢镍电池和锂离子电池。镉镍电池含有剧毒元素镉，已逐步被其他电池所替代。目前，市场上应用最广泛的电池为铅酸蓄电池、锂离子电池和氢镍电池。相较于其他二次电池，铅酸蓄电池。主要有以下性能优势：

（1）实现工业化生产的时间最长、技术最成熟；电池性能稳定、可靠，适用性好。

（2）采用稀硫酸作电解液，无可燃性，电池采用常压或低压设计，安全性好。

（3）工作电压较高、工作温度范围较宽，适用于混合电动车等高倍率放电应用。

（4）能浮充电使用，浅充浅放电性能优异，适用于不间断电源、新能源储能、电网削峰填谷等领域。

（5）大容量电池技术成熟，能制成数千安时的电池，为大规模储能提供了便利。

（6）成本优势。铅酸蓄电池是最廉价的二次电池，单位能量的价格是锂离子电池或氢镍电池的 1/3 左右。此外，铅酸蓄电池的主要成分为铅和铅的化合物，铅含量高达电池总质量的 60% 以上，废旧电池的残值较高，回收价格超过新电池的 30%，铅酸蓄电池的综合成本更低。

（7）再生利用优势。铅酸蓄电池组成简单，再生技术成熟，回收价值高，是最容易实现回收和再生利用的电池。我国废铅酸蓄电池的再利用率也达到 90% 以上。

（二）铅酸蓄电池的不足

（1）能量密度偏低。传统的铅酸蓄电池质量和体积能量密度偏低，能量密度只为锂离子电池的 1/3 左右，氢镍电池的 1/2 左右，并且体积较大。

（2）循环寿命偏短。传统铅酸蓄电池循环寿命较短，理论循环次数为锂离子电池的 1/3 左右。铅酸蓄电池循环寿命提高的空间仍然比较大，特别是新材料、新结构和新技术的铅酸蓄电池，如双极性铅酸蓄电池、铅碳电池等。

（3）产业链存在铅污染风险。铅是铅酸蓄电池的主要原材料，铅占电池质量的 60% 以上，全球铅酸蓄电池的用铅量占总用铅量的 80% 以上。铅为重金属，铅酸蓄电池制造产业链（包括原生铅冶炼、电池制造、电池回收、再生铅冶炼）存在较高的铅污染风险，管理不善会对环境造成污染、对人体健康产生危害。

四、钠硫电池

钠硫电池的正极由液态硫组成，负极由液态钠组成，中间隔有陶瓷材料的 β 氧化铝管。钠硫电池的运行温度需保持在 300℃以上，以使电极处于熔融状态。钠硫电池目前发展的重点是作为固定场合（如电站储能）应用，用于调频、移峰、改善电能质量和可再生能源发电等领域。

钠硫电池的主要优点是能量密度大，响应时间短，可以达到毫秒级别；循环周期可达 4500 次；一次放电时间可达 6~7h；周期往返效率可达约 75%。钠硫电池主要缺点为由于使用了金属钠，作为在高温条件下运行的易燃金属物，存在一定的安全风险，同时电池的价格相对较高；钠硫电池在移动场合（如电动汽车）使用条件比较苛刻，无论是在可提供的空间方面，还是在电池自身的安全方面，均有一定的局限性，见表 1-5。

表 1-5　　　　　　　　　　　　钠硫电池系统技术特点

特点	具体内容
比能量高	钠硫电池理论比能量为 760Wh/kg，实际能量密度已达到 240Wh/kg
容量较大	用于储能的钠硫单体电池的容量可达 600Ah 甚至更高，能量达到 1200Wh 以上，单模块的功率可达到数十千瓦
电池运行无污染	电池采用全密封结构，运行中无振动、无噪声，没有气体排出
原材料成本低	电池结构简单、原料成本低
寿命适中	电池可满充满放循环 4500 次以上，寿命为 10~15 年
存在安全隐患	液态的钠与硫在直接接触时会发生剧烈的放热反应，给储能系统带来了很大的安全隐患，由于陶瓷电解质隔膜本身具有一定脆性，运输和工作过程中可能发生陶瓷破裂，将造成安全事故
组装要求高	在组装过程中需要操作熔融的金属钠，需要有非常严格的安全措施

五、超级电容储能

电容储能的机理为双电层电容以及法拉第电容，其主要形式为超级电容储能。超级电容器是介于传统电容器与电池之间的一种新型电化学储能器件，比传统电容器有着更大的能量密度，静电容量能达千法拉至万法拉级；比电池有着更大的功率密度和超长的循环寿命，因此它兼具传统电容器与电池的优点，是一种应用前景广阔的化学电源。它主要是利用电极、电解质界面电荷分离所形成的双电层，或借助电极表面、内部快速的氧化还原反应所产生的法拉第"准电容"来实现电荷和能量的储存。因此，超级电容器具有充电速度快、大电流放电性能好、超长的循环寿命、工作温度宽等特点。超级电容储能装置主要由超级电容组和双向 DC/DC 变换器以及相应的控制电路组成。

超级电容器由 2 个多孔电极、隔膜及电解质组成。超级电容器按原理可以分为双电层电容器和赝电容器。目前，双电层电容器的技术更为成熟，在市场上已经逐步推广，现在市场上所说的超级电容器一般都是指双电层电容器。电极材料的制备是超级电容器的核心环节，正极材料一般包括碳材料、金属氧化物材料和导电聚合物材料，负极材料以已经实现商业化的石墨为主；电解液有水性电解液和有机电解液。超级电容器用途广泛，用作起重装置的电力平衡电源，可以提供超大电流的电力；用作车辆启动电源，启动效率和可靠性都比传统的蓄电池高，可以全部或部分替代传统的蓄电池；用作车辆的牵引能源，可以驱动电动汽车，替代传统的内燃机，改造现有无轨电车。

超级电容储能技术有以下三大优势：①超级电容储能具有高功率密度的特点，相同体积下超级电容的容量是其他同类产品的几倍以上，但是体积仅为其他产品的 1/10 左右；②超级电容器充放电效率高、循环寿命长；③超级电容器在能量转换和回收方面表现出极大的优越性。

超级电容储能系统具有高功率密度、高功率循环寿命长、快速充放电能力和大电流充放电能力，特别适用于电动汽车和混合动力汽车的启动和加速、大功率负载（如电梯）的供电，能够显著提高现有电动汽车和混合动力汽车充电系统效率。此外，由于超级电容器储能技术具有功率大、循环寿命长、速度快等特点，可以将其与大功率电力电子器件结合应用于各种电动汽车（如混合动力汽车等）或各种大电流负载供电，以及各种不适合电池供电的场合。

六、钠离子电池

钠离子电池依靠钠离子在正极和负极之间移动来进行充电和放电，主要由正、负极材料，电解质，隔膜和正、负极外壳构成。正、负极之间通过隔膜隔开，防止短路，电解液浸润正、负极作为离子流通的介质，集流体起到收集和传输电子的作用。充电时，Na^+ 从正极脱出，经电解液穿过隔膜嵌入负极，使正极处于高电势的贫钠态，负极处于低电势的富钠态。放电过程则与之相反，Na^+ 从负极脱出，经由电解液穿过隔膜重新嵌入到正极材料中，使正极恢复到富钠态。为保持电荷平衡，充放电过程中有相同数量的电子经外电路传递，与 Na^+ 一起在正、负极间迁移，使正、负极发生氧化和还原反应。

钠离子电池与锂离子电池的工作原理类似，生产设备大多兼容，短期或长期设备和工艺投入相对较少。与锂资源相比，钠资源储量非常丰富，因此在大规模应用的场景下，钠离子电池没有明显的资源约束。而且，钠离子电池的正极材料、集流体材料的理论成本比锂离子电池更低，在完成产业化降低成本之后，其初始投资成本有望较锂离子电池更低。但目前钠离子电池单体能量密度大约只有锂离子电池的 70%，此外，钠离子电池的循环性能较差，是限制其实际应用的另一个关键因素，钠离子电池系统技术特点见表 1-6。

表 1-6　　　　　　　　　　　　　　钠离子电池系统技术特点

序号	特点	具体内容
1	具有潜在成本优势	与锂资源相比，钠资源储量非常丰富，原料成本较低，虽然目前钠离子电池的成本高于锂离子电池，但降低成本空间较大，在完成产业化后，其初始投资成本有望较锂离子电池更低
2	理论安全性好于锂离子电池	热失控温度约为 260℃，高于锂离子电池的 165℃，同时电极材料具有优异的热稳定性
3	高、低温性能优于锂离子电池	高、低温性能优异，工作温区较宽，在低温环境下的适应性更强
4	SOC 测评更为准确	钠离子电池的电压为 1.5~4.0V，电池的电压范围较大，电压与 SOC 的对应性呈线性关系，相比于锂电池更为准确
5	循环性能较差	目前循环次数只有 2000 次
6	能量密度较小	目前钠离子电池单体能量密度约为 120Wh/kg，应用于电池组中能量密度约 100Wh/kg，远低于磷酸铁锂电池的 200Wh/kg

钠离子电池主要包括钠硫电池、钠盐电池、钠空气电池、有机系钠离子电池、水系钠离子电池。

（1）钠硫电池。负极为熔融液态金属钠，正极为单质硫，比能量较高。

（2）钠盐电池。负极为液态钠，正极为金属氯化材料。

（3）钠空气电池。正极通常采用多孔材料，材料中的孔洞不仅为气体的扩散提供通路，同时也为电极反应提供场所。

（4）有机系钠离子电池。负极由硬碳或者可嵌钠材料组成，正极材料有过渡金属氧化物、聚阴离子类材料等。

（5）水系钠离子电池。与有机系电解质电池相比，电解质不同。

七、飞轮储能

飞轮储能是一种物理储能方式，利用旋转体旋转时所具有的动能来存储和释放电能。旋转体通常为共轴的飞轮、电机转子和磁轴承转子（如有）。飞轮储能具有充放电寿命长、全寿命周期无容量衰减、运行无爆炸风险、充放电循环效率高、充放电响应速度快等特点，主要应用在火电 AGC 联合调频、电力系统一次调频、电力系统惯量支撑、电网侧独立调频等领域。

为实现电能与动能双向转化的储能装置，飞轮储能系统包括飞轮储能单元、飞轮电机变流器、辅助设备和系统控制器等，如图 1-7 所示。

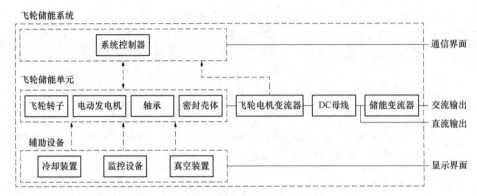

图 1-7　飞轮储能系统示意

飞轮储能单元由飞轮本体、电机、控制器、变流器、辅助装置、监测系统组成，如图 1-8 所示。

（1）飞轮本体：由飞轮、转子轴、支撑轴承、飞轮真空腔外壳等组成。

（2）电机：发电机、电动机双向运行。

（3）控制器：实现飞轮本体充放电控制、并网控制。

（4）变流器：实现交、直流电能的转化。

（5）辅助装置：包括真空装置（保持飞轮真空环境）、冷却装置（控制电机、轴承温度）。

（6）监测系统：提供飞轮储能系统运行状态监测信号、控制信号、超标保护信号等。

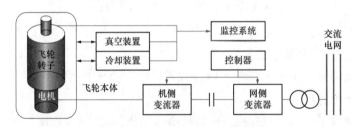

图 1-8　飞轮储能单元示意图

充电时，飞轮储能系统采用电动机工作模式，利用电动机驱动飞轮高速旋转，将电能转变为动能储存，完成充电过程，如图 1-9 所示。放电时，飞轮储能系统采用发电机工作模式，利用飞轮高速旋转的惯性带动转子旋转，通过发电机将飞轮存储的动能转换成电能输出，如图 1-10 所示。飞轮储能通过转子的加速和减速，实现电能的存入和释放。

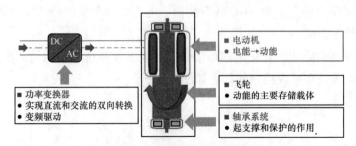

图 1-9　飞轮储能设备充电原理

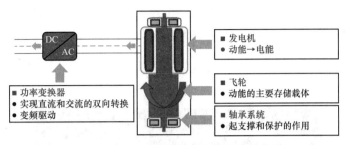

图 1-10 飞轮储能设备放电原理

飞轮储能电池的技术特性由其自身的技术原理决定。飞轮电池根据轴承的不同，分为半磁悬浮、全磁悬浮和机械轴承。在高转速和重型转子的条件下，磁悬浮技术优势更加显著。转子材料分为钢材和复合碳纤维两种。磁悬浮飞轮储能电池具有以下显著特点。

（1）安全性好：没有燃烧和爆炸的风险。

（2）充放电次数多：可达 1000 万次的深度充放电。

（3）毫秒级响应：充放电的切换飞轮电池本身延迟小于 1ms。

（4）零衰减：额定充放电量无衰减。

（5）零维护：无需繁冗的系统维护。

（6）高精准特性：可精准测算电量。

（7）高转换率：系统效率可达 93%。

（8）高倍率充放电：可达 4C~60C 倍率或更高。

（9）宽温域：运行温度 -40℃~80℃，无需空气温度调节。

（10）占地面积少：布置在地下空间。

（11）无需特殊消防系统。

（12）无需特殊通风空调系统。

（13）绿色环保：没有危险化学物的处理与回收问题。

（14）高残值率：转子等部件可回收。

（15）全生命周期运行成本低。

（16）系统集成数量少，运行可靠。新型储能种类繁多，本书中的内容主要侧重于磷酸铁锂电池储能系统。

第二节 储能主要设备

一、电池

锂离子电池具有工作电压高、能量密度大、循环寿命长、安全性能好、自放电率小、无记忆效应的优点，在储能领域被广泛关注，并逐渐占据主流地位。锂离子电池是一种二次电池（充电电池），它主要依靠锂离子在正极和负极之间移动来工作。充电时，Li^+从正极脱嵌，经过电解质嵌入负极，负极处于富锂状态；放电时则相反。钴酸典型的工作原理如图1-11所示。

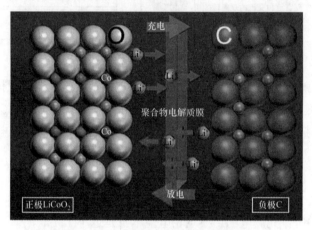

图1-11　钴酸锂离子电池工作原理

锂离子电池一般由正极、负极、电解质、隔膜、正极引线、负极引线、隔圈、盖板、安全阀、PTC和电池壳组成，如图1-12所示。

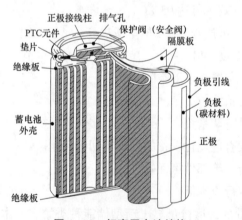

图1-12　锂离子电池结构

（1）正极。主要由正极活性材料、集流器、少量的导电剂及黏合剂组成，其中正极活性材料为关键部分。正极活性材料为锂离子电池提供锂源，一般是具有宿主结构的化合物，能够在较大的组成范围内允许锂离子可逆脱嵌和嵌入。目前，正极活性材料主要有钴酸锂、锰酸锂、磷酸铁锂、三元材料。正极活性材料在锂离子电池材料中占较大比例，也是影响电池成本的主要因素。

（2）负极。主要由负极活性材料、集流体、少量的黏合剂组成，其中负极活性材料为关键部分。目前锂离子电池所采用的负极活性材料一般都是可以嵌入、脱嵌的锂离子的碳素材料，其中又以石墨为主。

（3）隔膜。在锂离子电池中，隔膜具有两个作用，即将电池的正、负极分开，防止两极接触短路；使电解质离子通过。

（4）电解质。电解质是电池的重要组成部分，在电池的正、负极间输送和传导电流，是连接正、负极的桥梁。

（5）其他材料和部件。正极引线将正极集流体的电流引出，负极引线将负极集流体的电流引出；隔圈防止正、负极短路；盖板连接正、负极，并起到密封作用；安全阀在电池内压过高时泄压，以提高电池安全性；PTC是电池过温保护装置，以提高电池安全性；电池壳用来密封电池，以提高电池机械强度。

电池单体应满足电芯自放电率≤3%的要求，电芯符合GB/T 31484—2015《电动汽车用动力蓄电池循环寿命要求及试验方法》、GB 38031—2020《电动汽车用动力蓄电池安全要求》、GB/T 31486—2015《电动汽车用动力蓄电池电性能要求及试验方法》、GB/T 36276—2018《电力储能用锂离子电池》要求，安全性能符合相关国家标准要求。外观应无变形及裂纹，表面应干燥、平整，无毛刺、无外伤、无污物，且标识清晰、正确。在电池模块结构设计中，电池的防爆阀必须朝上。电池模块的质量及结构应便于拆卸和维护。电池单体在电池模块内应可靠固定，固定装置不应影响电池模块的正常工作，固定系统的设计应便于电池的维护。电池系统的布置和安装应方便施工、调试、维护和检修。储能电池簇参数见表1-7。储能电池主要检验与试验项目见表1-8。

表 1-7　　　　　　　　　　　　储能电池簇参数

序号	项目
1	排列形式
2	采用电芯
3	组合方式
4	电池簇电压范围（V）
5	电池簇标称容量（kWh）
6	最大充电电流（A）
7	最大放电电流（A）
8	设计放电倍率
9	充放电下，一充一放循环次数
10	能量效率
11	电池架尺（mm）
12	质量（kg）
13	存储温度范围（℃）

续表

序号	项目
14	工作温度范围（℃）
15	湿度（%）
16	初始放电电量

表1-8 储能电池主要检验与试验项目

序号	对象	项目
1	电池单体	外观
2		极性
3		外形尺寸和质量测量
4		初始充放电容量试验
5		常温倍率放电性能试验
6		高温充放电性能试验
7		低温充放电性能试验
8		绝热温升试验
9		能量保持与能量恢复能力试验
10		储存性能试验
11		循环性能试验
12		外壳耐受机械应力试验
13		过充电试验
14		过放电试验
15		短路试验
16		挤压试验
17		跌落试验
18		低气压试验
19		加热试验
20		热失控试验

续表

序号	对象	项目
21	电池模块	外观
22		极性
23		外形尺寸和质量测量
24		初始充放电能量试验
25		常温倍率放电性能试验
26		高温充放电性能试验
27		低温充放电性能试验
28		储存性能试验
29		能量保持与能量恢复能力试验
30		循环性能试验
31		电气间隙和爬电距离
32		绝缘试验
33		耐压测试
34		温升试验
35		外壳耐受机械应力试验
36		过充电试验
37		过放电试验
38		短路试验
39		挤压试验
40		跌落试验
41		盐雾与高温高湿试验
42		热失控扩散试验
43	电池簇	外观
44		初始充放电容量试验
45		绝缘试验
46		耐压试验

二、电池管理系统

电池管理系统（BMS）由印制电路板、电子元器件、嵌入式软件等部分组成，根据实时采集到的电芯状态数据，通过特定算法来实现电池模组的电压保护、温度保护、短路保护、过电流保护、绝缘保护等功能，并实现电芯间的电压平衡管理和对外数据通信，防止电池出现过充电和过放电，延长电池的使用寿命。锂电池储能系统必须匹配相应的 BMS，以防止电池生产制造过程中的缺陷以及储能系统使用过程中的滥用导致的电芯寿命缩短、损坏，甚至严重情况下的安全事故。基于成本和可扩展性的综合考量，一个完整的储能系统 BMS 由电池组 BMS、电池簇 BMS 及系统 BMS 组成，这对于由大量电芯串并联组成的大规模储能系统而言，三级 BMS 的设计从最大程度上避免了电芯电压的不均衡及其所导致的过充电及过放电。锂离子电池储能系统及三级 BMS 系统如图 1-13 和图 1-14 所示。

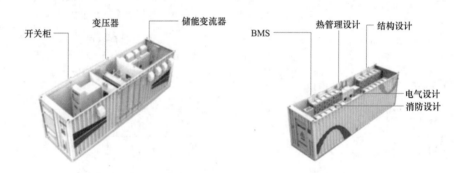

图 1-13　锂离子电池储能系统

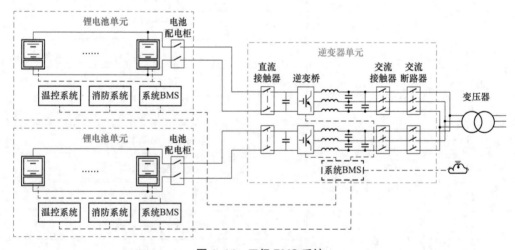

图 1-14　三级 BMS 系统

储能电池 BMS 的主要功能包括状态监测与评估、电芯均衡、控制保护、通信及日志记录等。被监测数据包括各电池簇电压与电流、电芯电压、系统总电流、电池组或电芯温度、环境温度等；依据测得的数据，进行电池水平相关参数评估，主要包括荷电状态（SOC）、健康状态（SOH）、电池内阻及容量等。状态监测是 BMS 的最基本功能，主要由电池组 BMS 完成，也是后续进行均衡、保护和对外信息通信的基础；而参数评估，则是电池簇 BMS 所具有的较复杂功能。

1. 储能均衡管理

电芯均衡分为主动均衡与被动均衡可以解决电池不一致问题。

一组电池系统的容量取决于容量最小的单体电池，容量小的单体电池充电时先充满，放电时先放空，制约电池系统中其他电池的充放电能力，造成电池系统的可用容量下降。如果不使用均衡技术干预，在长时间的运行下，电池的两极分化会越来越严重，电池系统的可用容量将进一步下降。

被动均衡，也称为耗能均衡，一般建议用于一致性较好的电池系统中，其主要工作方式为将电池系统中容量较大的单体电池中多余的能量消耗掉，以达到容量均衡的目的。这种方式损耗了一部分能量，以达到电池系统均衡的目的。

主动均衡相对被动均衡更加合理，其通过能量转移的方式，将容量较高的单体电池中的能量转移到容量较低的单体电池中。如某双向 DC-DC 主动均衡芯片与传统均衡芯片相比，通过其内嵌的先进智能算法，以能量转移的方式对电池组产生的差异进行快速、有效的补偿，确保电池一致性，延长电池组的使用寿命和平均无故障时间，有效提升了电池全生命周期的经济效益。

2. 保护与通信功能

（1）控制保护。电池簇 BMS 与系统 BMS 的控制功能主要表现为通过对开关盒中接触器的操作，完成电池组的正常投入与切除；而保护功能主要是通过主动停止、减少电池电流或反馈停止、减少电池电流来防止锂离子电芯电压、电流、温度越过安全界限。

（2）通信。电池系统通过系统 BMS 实现对外通信，通信协议可以采用 Modbus-RTU、Modbus TCP/IP 及 CAN 总线等。对外传输的信息除了前述的状态监测或估算信息外，还可以包括相关统计信息或安全信息，如电池系统电压、电流或 SOC，各电池簇最大及最小电芯电压和温度，最大及最小允许充电和放电电流，电池簇故障和告警信息，开关盒内部开关器件和传感器信息等。

（3）日志记录。可以在系统 BMS 中内置存储设备，进行必要的电池运行关键数据存储，包括电压、电流、SOC、SOH、最大和最小单体电压、最低和最高温度及报警与错误信息等。

三、储能变流器

储能变流器（power conversion system，PCS）是电化学储能系统中连接于电池系统与电网 [和（或）负荷] 之间的实现电能双向转换的变流器。变流器决定了电池储能系统对外输出的电能质量和动态特性，也在很大程度上影响了电池的安全与使用寿命。

1.变流器主要技术要求

储能变流器应能在下列环境条件下工作：

（1）–20℃~45℃；空气相对湿度 ≤ 95%。

（2）海拔 ≤ 1000 m；海拔 ≥ 1000 m 时，应按 GB/T 3859.2—2013《半导体变流器　通用要求和电网换相变流器　第 1-2 部分：应用导则》规定降额使用。空气中应不含有过量的尘埃，酸、碱、腐蚀性及爆炸性微粒和气体。

（3）无剧烈振动冲击，垂直倾斜度 5°。

2.储能变流器主要功能和要求

（1）应具有充放电功能、有功功率控制功能、无功功率调节功能和并离网切换功能。

（2）在额定运行条件下，储能变流器的整流效率和逆变效率均应不低于 94%。

（3）储能变流器的待机损耗应不超过额定功率的 0.5%，空载损耗应不超过额定功率的 0.8%。

（4）储能变流器交流侧电流在 110% 额定电流下，持续运行时间应不少于 10 min。

（5）储能变流器交流侧电流在 120% 额定电流下，持续运行时间应不少于 1min。

（6）储能变流器在额定并网运行条件下，交流侧电流总谐波畸变率应满足 GB/T 14549—1993《电能质量　公用电网谐波》的规定。

（7）储能变流器应检测并网点的电压，在并网点电压异常时，应断开与电网的电气连接。

3.变流器分类

按照电路拓扑与变压器配置方式，变流器可分为工频升压型和高压直挂型。

当前常规的电池簇电压等级不超过 1500V，且随着 SOC 的变化存在一定的波动范围，因此为了适应不同电网或负荷供电电压等级的需求，PCS 交流侧往往会配置工频变压器。一方面，实现了交流电压的升压或整定，在离网系统中则可以形成三相四线，为单相负荷供电；另一方面，也改善了储能系统保护和电磁兼容抑制。根据级数不同，工频升压型 PCS 又可以分为单级和双级拓扑。工频升压型单级 PCS 工作效率高，结构简单；但电池组容量低，电压选择灵活性差，且 PCS 直流侧出现短路故障时易导致电池组受到较大电流冲击，危害大。单级 PCS 也可以根据输出电压电平，分为两电平、三电平或多电平，随着电平数的增加，可以进一步提高 PCS 直流侧电压等级与输出电能质量。工频升压型双级 PCS 是在电池接入端配置了双向 DC/DC 变换器，提高了电池组容量和电压选择的灵活性，且可以实现多组电池的分别独立控制，但成本高，控制相对复杂，效率低。

对于大容量储能系统中较为常用的锂离子电池，其 SOC 在 15%~85% 范围内时，输出电压变化范围不大，因此我国现用的大容量储能系统大多采用单级 PCS。而随着直流电压趋近 1500V，三电平拓扑结构也将被越来越多地应用。1500V 电池储能系统减少了占地面积和开关盒、直流线缆等电气设备的使用，在一定程度上降低了系统成本；但由于电池与 PCS 间距离较短，并不能像大规模光伏电站那样带来直流传输损耗的明显减少，且对双向直流断路器、双向直流接触器等器件提出了更高的性能要求。直流回路的电气安全与保护设计是这一系统实施的核心难点。

为了实现超大规模电池储能电站的应用，避免出现过多电池组的并联，也为了避免工频变压器带来的损耗、降低成本，采用模块化链式结构的高压直挂型 PCS 成为目前主要的研究方向。与工频升压型 PCS 类似，按照功率变换级数的不同，高压直挂型 PCS 也可分为单级和双级拓扑，但对电池组或隔离型 DC/DC 变换器均提出了较高的绝缘要求，制约了其推广与应用，且在超大规模容量的电池集中堆放、电气连接与安全设计方面也存在挑战。储能变流器作为储能系统与电网连接的功率接口设备，承担控制电网与储能单元间能量双向流动的功能，满足功率控制精度和充放电快速转换的响应速度要求。大容量功率变换装置主要构成部分应包括：基于高频功率半导体器件的逆变回路、网侧滤波器，直流侧和交流侧保护装置，以及外围的数字控制回路、并网变压器等。集装箱式 PCS 如图 1-15 所示。

PCS 系统设备应有多种控制模式，如 PQ 控制、VF 控制、下垂控制、虚拟发电机控制等，可以根据需要选择对应控制模式，其中"模拟发电机"模式能使 PCS 设备像传统发电机一样工作。在"模拟发电机"模式下，可进行有功、无功控制，实现有功、无功的吸收与补偿，其原理通常是采用 PWM 变流器，当变流器从电网吸收电能时，PWM 变流器运行在整流状态；当变流器往电网输送电能时，变流器运行在逆变状态。稳态工作时，通过改变变流器交流侧的输出电压 U_i 的幅值和相位来获取所需大小和相位的网侧正弦电流，并使直流侧电压保持稳定。

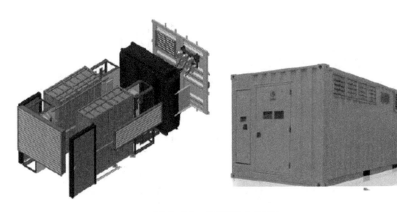

图 1-15 集装箱式 PCS

低压并联储能方式为多个功率为 500kW 的 PCS 并联形成一个储能单元，通过升压变压器连接至 6kV 或 10kV 母线，通常一个储能单元的功率为 2MW 或 3MW。低压并联储能单元的连接方式如图 1-16 所示。

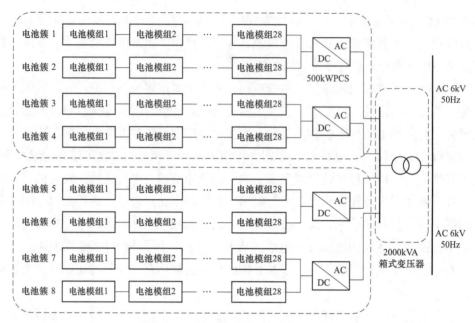

图 1-16　低压并联储能单元连接方式

　　链式结构中目前主要有两种基于单相桥（H桥）的换流器主电路结构，一种是无变压器级联链式结构，另一种是基于变压器隔离的链式结构。无变压器级联链式结构的一相桥臂的结构框图如图1-17所示，单相桥（H桥）是其中的基本模块单元。每个H桥的直流侧电化学储能电池模块，交流侧直接级联后接入电网。为降低每个桥臂的输出电压等级的要求，整个换流器应采用三相星形连接方式接入到电网中。

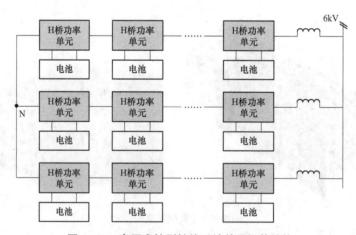

图 1-17　高压直挂型储能系统单元拓扑结构

　　高压级联式储能系统，具有电压等级高、系统容量大、能量转化效率高、电池利用率高、占地面积小等优势。但是，为了满足输出电压的要求，在直流侧需要串联较多的电池模块以达到一定幅度的直流电压，从而决定了整个系统的容量下限，使得整个系统容量配置缺乏灵活性，不容易满足小容量场合；而且由于级联的H桥数量较多，所需的功率开关器件数目也较多，造成整个系统故障率偏高。

四、能量管理系统

储能系统的能量管理系统（energy management system，EMS）一般是指针对锂离子电池储能电站推出的调控一体化能量管理系统，它实现了实时监控、诊断预警、全景分析、高级控制功能，满足运行监视全面化、安全分析智能化、全景分析动态化的需求，保证储能电站安全、可靠、稳定运行。

1.EMS 架构

EMS 的架构主要包括设备层、通信层、信息层和应用层。

（1）设备层：需要能量采集变换（PCS、BMS）做支撑。

（2）通信层：主要包括链路、协议、传输等。

（3）信息层：主要包括缓存中间件、数据库、服务器，其中数据库系统负责数据处理和数据存储，记录实时数据和重要历史数据，并提供历史信息查询。

（4）应用层：表现形式包括应用软件、网页等，为管理人员提供可视化的监控与操作界面，具体功能涵盖能量变换决策、能源数据传输和采集、实时监测控制、运维管理分析、电能（电量）可视分析、远程实时控制等。

2.EMS 功能

（1）系统总控。实时数据采集和监控，包括储能站关键运行信息，如电站额定功率、电站额定容量、电站 PCS 运行台数，以及根据储能电站上送的运行数据分析系统运行状态，挖掘或抽取有用的信息（如储能系统 SOC、SOH、储能充放电效率等）；展示近期的历史数据，如今日和昨日削峰电量，本月、本周、昨日、24h 的充放电有功功率曲线。

（2）监视与控制。显示当前储能站的充放电情况，以及相关关键数据情况；对储能电站下多个储能单元的事故汇总，通过点击光字牌查看详细内容；对计划控制中储能电站的显示数据，包括充放电实时曲线、日中计划曲线、日内超短期曲线。

（3）报警查询。用户可通过报警界面对历史报警信息进行查询并导出，准确轻松地进行历史报警信息的寻找，无需每次通过系统进行查找。

五、电气设备

电化学储能系统中的电气设备主要包括：低压开关柜、变压器、电池汇流柜等。

低压开关柜一般包括断路器、隔离开关、计量表计、浪涌保护器及柜体。其主要功能为：实现 PCS 的交流输出，满足储能系统并网或离网技术要求，实现对交流端的连接、监控与保护。

变压器的选择应能够协调不同的直流侧电池电压与电网电压间的匹配，并兼顾 PCS 的效率与控制方式。目前储能系统中使用的变压器大多为铜绕组干式变压器，干式变压器具有不易燃烧、不易爆炸的特点，适合在防火、防爆要求高的场合使用。干式变压器绝缘材料的耐热性能决定了变压器允许温升极限的大小。提高允许温升极限，意味着变压器绕组允许更大的电流密度，降低了体积与成本，但也导致了更高的有功损耗。绝缘材料的耐热等级分为 Y、A、E、B、F、H、C 级，对应的工作温度分别是 90、105、120、130、155、180、220℃。当储能系统安装在高原项目现场时，以海拔 1000m 为基点，每升高 500m，自冷式变压器工作温度限值下降 2.5%，风冷式下降 5%；每升高 100m，绝缘耐压要求增加 1%。干式变压器的缺点主要包括防护等级有限、只能室内安装、价格相对较高，且当采用环氧树脂浇铸时，回收再利用困难。

电池汇流柜是储能系统中最靠近电池簇的主电路电气设备，其主要功能除实现多组电池簇的并联汇流、直流线路测量与保护、与 PCS 间电气连接外，在具体的工程设计中会将储能系统控制配电、本地控制器、系统 BMS 集成其中，也可进一步集成整个储能系统的对外通信和人机交互接口。

过电压保护及接地方面，全站过电压保护按 GB/T 50064—2014《交流电气装置的过电压保护和绝缘配合设计规范》的要求进行，接地装置按 GB/T 50065—2011《交流电气装置的接地设计规范》的要求执行。

电缆敷设及选型按 GB 50217—2018《电力工程电缆设计标准》执行。电站内电缆拟采用电缆沟、穿管的敷设方式。

储能电站控制和保护方面，储能电站采用一套综合自动化系统，实现控制、监视、测量，并具备遥信、遥测、遥调、遥控等远动功能，与电池管理系统、功率变换系统通信应快速、可靠，通信规约可采用 IEC 61850、Modbus、TCP/IP 等。保护装置的配置原则按 GB/T 14285—2023《继电保护和安全自动装置技术规程》《电力系统继电保护及安全自动装置反事故措施要点》（电安生〔1994〕191 号）等规定执行。

六、电池冷却系统

电池热负荷计算，包含不同运行场景下运行中产生的热量，主要包含集装箱内外环境温差产生的漏热量，以及受太阳光辐射、集装箱安装角度和表面喷涂颜色等影响因素产生的辐射热量。

1. 风冷系统

风冷系统将系统热负荷转移至集装箱外，风量需满足电池模块散热需求，风压需满足空调出风口冷风送至远端的要求，工作温度范围需满足项目地点环境极限温度要求。空调形式需根据电池等集装箱内设备布局、储能集装箱布局（如叠放、防火墙）等进行选择，常见的空调结构可分为一体式空调、顶置式空调和壁挂式空调。一体式空调适合所有电池类型，安装、运输及维护方便，且风道设计较为方便，如图 1-18 所示。

风道系统指空调出风口到电池再到空调回风口的空气流动通道，按照空调出风口位置一般可分为顶部风道、底部风道、侧面风道，如图 1-19 所示。内置的工业空调仅为热量交换的媒介，需要配合专门的风道系统将空调产生的热风或冷风均匀送至每个电池，提高温控系统的散热效率及电池散热的一致性。

(a) 空调正面   (b) 空调背面   (c) 百叶窗+遮雨罩+出风管道

图 1-18 一体式顶出风空调

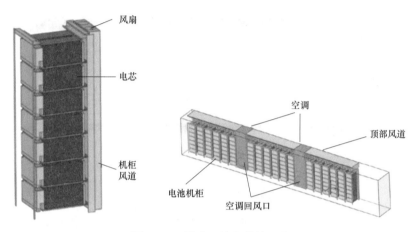

图 1-19 风冷系统集装箱风道

2. 液冷系统

液冷系统可通过液体对流换热，将电池产生的热量带走，降低电池温度。液冷系统的漏液风险可以通过结构设计来避免。相较于风冷系统，液冷的效率更高、温差控制更优、流体温度和流量控制简单，采用液冷的电池寿命更长。液冷散热机组在新能源汽车中应用非常成熟，其储能系统是静止放置的，不会有漏液风险。液冷集装箱系统减少了内部风道的设计，采用外维护系统，不用设置内部走廊空间，可采用大电池包设计，较大限度地提高了能量密度。根据冷却液和服务器接触换热方式的不同，液冷系统分为直接液冷和间接液冷，其中，直接液冷以浸没式液冷技术为主，间接液冷以冷板式液冷技术为主。

浸没式液冷是将发热电子元器件（如 CPU、主板、内存条、硬盘等）直接浸泡在绝缘、化学惰性的冷却液（电子氟化液）中，通过循环的冷却液将电子元器件产生的热量带走。冷板式液冷技术中，发热元件和冷却介质不直接接触，通过与装有液体的冷板直接接触来散热，或者由导热部件将热量传导到冷板上，然后通过冷板内部液体循环带走热量。

储能电站用液冷系统一般由液冷机组、冷却管道、冷却液、温湿度传感器等组成，如图 1-20 所示。液冷机组布置在集装箱的一端，保证电池运行在最佳的温度范围。冷却管道延伸至每一个电池包，可提高冷量利用率和散热效率，确保电池温度均一性，如

图 1-21 所示。同时，采用双压缩机设计，冗余备份，提高系统可利用率。

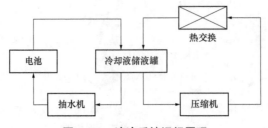

图 1-20 液冷系统运行原理

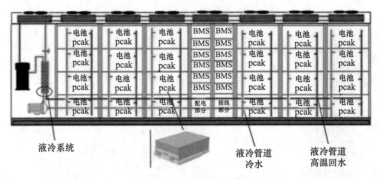

图 1-21 液冷系统管道

通过专业热仿真，对热设计方案的可行性进行全面分析，并对设计结果进行准确预测，同时结合高低温测试，不断对热设计方案进行分析和优化，以保证储能系统的散热效果达到设计需求。

空调的参数设定及实时数据、故障信息等可通过 RS485 传输至本地控制器，然后经本地控制器传至本地数据采集与监视控制系统（supervisory control and data acquisition，SCADA），另外，空调自带实时温度、空调状态、故障信息等数据显示。空调自带控制器，可智能控制温度，可根据环境温度设定空调运行模式，并确定集装箱内温度在 $23℃ \pm 5℃$。当电池温度较高时，空调运行在制冷模式，电池工作产生的热量被转移至集装箱外，保证系统的安全性、可靠性及优良的性能；当电池温度较低时，空调运行在制热模式，电池的温度被升至电芯需要的工作温度，保证系统在低温下正常运行。

七、消防系统

1. 消防系统组成

储能消防系统由气体灭火控制器（火灾报警控制器），复合火灾探测器，声光报警器，警铃，放气指示灯，手动紧急启停按钮，业务箱灭火装置（含灭火剂储存瓶、电磁驱动装置、压力信号器），业务箱配套件（含喷头、高压软管），供电箱灭火装置（含灭火剂储存瓶、电磁驱动装置、压力信号器）组成。集装箱内选用全氟己酮气体灭火系统方案；对电池系统的运行温度实时监测，一旦出现温度严重异常，将报警甚至停止系统运行；设备、电池箱体、柜体及线缆等的材质选用阻燃材料；集装箱内壁选用防火等级为 A 级的金属岩棉夹芯板。

（1）气体灭火控制器。气体灭火控制器（火灾报警控制器）具有火灾探测报警和气体灭火控制双重功能，可配接各种编码火灾探测器、手动报警按钮、紧急启停按钮、声光警报器、气体释放警报器、手动自动转换开关以及输出模块，实现一个防火区的火灾报警和气体灭火控制。气体灭火控制器应满足 GB 4717—2005《火灾报警控制器》、GB 16806—2006《消防联动控制系统》中有关气体灭火控制器的要求。

气体灭火控制器收到启动控制信号后能启动现场的区域讯响器报警、自动显示延时且指示延时时间；并联动启动输出模块实现关闭门窗、防火阀和停止空调等功能；延时启动的延时时间在 0~30s 连续可调；具有停动功能；具有手动自动转换功能；自身带有备电，在主电缺失时可自动进入备电运行状态，能给备电充电并有备电保护功能；具有信息记录、查询功能，可保存最后的 999 条记录。

（2）复合火灾探测器是用来探测每个电池簇火灾信号的设备。所有的探测器并联至集装箱内的火灾报警控制器。火灾报警控制器具有联动功能，能够接受并处理复合火灾探测器传递回来的信号，并发出火灾信号给受控设备。

（3）声光警报器是一种安装在现场的声光报警设备，当现场发生火灾并确认后，安装在现场的火灾声光警报器可由消防控制中心的火灾报警控制器启动，发出强烈的声光报警信号，以达到提醒现场人员注意的目的。

（4）放气指示灯是气体灭火系统的配套产品，通常安装在被保护场所的入口处。当气体喷洒后，气体灭火控制器（以下简称控制器）将启动警报器发出灯光指示，提醒人员注意并采取相应的措施。

2. 消防系统工作方式

消防系统工作方式有以下几种：

（1）自动控制方式。当防护区长期无人值班或很少有人出入时，应将火灾报警控制器上的控制方式选择键置于"自动"位置，此时控制系统处于自动工作状态。当防护区发生火灾时，气体灭火系统自动完成防护区内的火灾报测、报警联动控制及喷气灭火整个过程。防护区内的单一探测回路探测到火灾信号后，控制器启动设在该防护区内外的声光警报器，同时向火灾自动报警系统（FAS）提供火灾预报警信号。同一防护区内的两个回路都探测到火灾信号后，经过 30s 延时后，火灾报警控制器输出 24V 直流电，启动灭火系统。灭火剂经喷射短管和喷头释放到防护区，控制面板喷放指示灯亮，同时报警控制器接收压力信号器反馈信号，开启防护区内门灯，避免人员进入，直至确认火灾已经扑灭。

（2）手动控制方式。当防护区经常有人工作时且有人值班的情况下，为了防止系统误动作，应将火灾报警控制器上的控制方式选择键置于"手动"位置，此时系统处于手动控制状态。当防护区发生火灾时，火灾探测器将探测到的火灾信号输送给控制器，控制器立即发出声光报警信号，同时发出联动信号，但不会输出启动灭火系统信号，此时需要经值班人员确认火灾后，按下控制器上相对应防护区的紧急启动按钮，即可按预先设定的程序启动灭火系统，释放全氟己酮气体进行灭火。这种手动控制实际上还是通过电气方式的手动控制。手动启动后，系统将不经过延时而被直接启动，释放灭火剂。

（3）紧急机械启动方式是自动控制和手动控制均失灵或有必要时采用的一种应急操作。该功能的实现是通过手动启动头施行就地机械手动启动。

（4）系统联动。在热失控早期，系统通过对可燃气体检测实现极早期判断，避免失控加剧。当系统检测到可燃气体时，控制系统将优先执行停机操作，在可燃气体浓度大于设定值时，打开排风系统，对集装箱内进行事故排风，降低爆炸风险。

八、系统控制与通信

储能电站具有一套对储能系统运行状态和性能进行监控、分析和控制的管理系统，处理和分析采集到的储能系统数据，以获取有效的运行状态和性能指标，用于优化控制和决策。其主要完成储能系统内部储能变流器（PCS）、能量存储单元、环境与安全保障设备等底层部件的协同与控制，以使得储能系统对外呈现为一个统一的可调度、可观测、运行状态自适应、故障状态自恢复的智能化电力单元；顶层为 EMS，主要依据储能应用场景的经济模型、历史及预测数据、底层设备实时数据、电力电价政策等外部信息，对储能系统的运行模式、功率 – 时间曲线进行优化调度。但 EMS 本身并不是储能系统的一部分，而是一个完全独立于储能系统之外的控制系统。其控制算法依据能量系统的复杂性和客户最终对能量供给需求的经济性的不同而不同；其管理对象或管理范围在广义上包括储能系统、新能源发电单元、常规发电机组、输配电设备及用电负荷在内的所有与能量产生、传输、使用、保护等相关的设备或一个相对独立的区域，如微电网、光储电站等。因此，EMS 在网络结构上属于应用层，而其硬件安装位置可以位于储能系统项目当地，也可以位于云端。

储能系统数据与信息通过网络设备接入 SCADA，是一种用于监控和控制储能电站运行的系统。该系统整合了数据采集、实时监测、远程控制和数据管理等功能，为储能电站的运行提供全面的监控和管理，实现了储能系统或整个储能电站的数据集中处理、人机交互、监控和数据交换及远端网络接入。SCADA 为储能系统及其应用系统（如光储系统、微电网系统、火储联合调频系统等）提供了内部信息传输、存储、显示及分析的基础平台，为 EMS 的决策提供了本地和远程的数据来源，也为储能系统及应用系统接收远程控制与人工干预提供了接口。

第三节 储能主要应用场景

一、新能源配储

（一）储能与新能源耦合的主要作用

（1）提高新能源电站的计划跟踪曲线精度。根据所计划的新能源电站的发电出力曲线，通过 EMS 控制储能系统的充放电过程，使得电站的实际功率输出尽可能地接近计划出力，从而增加光伏电站功率输出的确定性。

（2）能量搬移参与电网调峰，减少弃光限发，如图 1-22 所示。通过新能源耦合储能，新能源电站可以具备抽水蓄能一样的调峰能力，而且具有快速的负荷响应能力，可以缓解电网的调峰压力，特别适合午间的填谷。根据系统负荷的峰谷特性，在负荷低谷期储存多余的能量，在负荷高峰期释放储能，通过能量搬移，提升新能源电站光伏容配比，减少弃光；在白天光伏大发时段，为减少弃光，采用削峰填谷模式，其他时段或阴天情况下在不发生弃电时，可采用平滑出力、跟踪计划、参与调频模式。

（3）参与电网一次、二次调频服务。通过配置储能系统，利用储能的快速功率双向调度能力，参与电网的一次和二次调频，提高电网的频率稳定性。在新能源电站配套建设一定量的储能系统，将能够迅速并有效地解决区域电网调频资源不足的问题，提高新能源的消纳，改善电网运行的可靠性及安全性。在条件允许情况下，参与辅助服务市场获取收益。

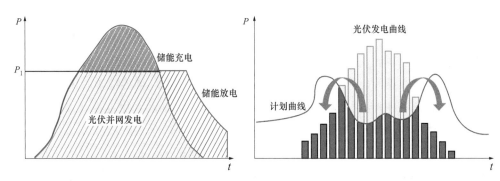

图 1-22 储能参与调峰

新能源风、光发电工程中配置一定容量的锂离子电池储能系统，可显著提高新能源发电的消纳水平。储能系统的容量、功率的优化配置可最大限度提高储能系统利用效率和经济性，同时将新能源风电、光伏的弃电率降低到设定的目标值。新能源配置的储能电站一般采用预制舱户外布置方式、直流侧最高电压 1500V、电池集装箱方案，并采用非步入式结构设计，将变流器升压舱接入电池集装箱，组成储能单元后通过电站母线线路送出。储能电站整站配置一套储能监控系统和一套协调控制系统，实现整个储能电站的监控、能量管理和调峰调频等功能。

典型的电化学储能系统架构如图 1-23 所示。

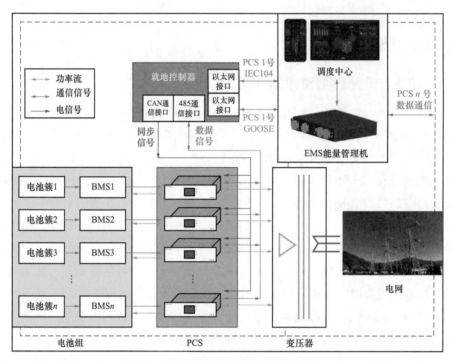

图 1-23　典型电化学储能系统架构

（二）新能源配储典型配置

（1）新能源 5000MW 4h 储能配置：750MW/3000MWh 方案。采用 1500V 液冷磷酸铁锂电池技术，共计 240 个 20 英尺（1 英尺 =30.48cm）变流升压集装箱和 500 个 40 英尺标准储能电池集装箱。变流升压集装箱单个功率 3.15MW，比传统 1000V 的功率密度提高 20% 以上。40 英尺储能集装箱单个容量 1.5MW/6MWh，与传统 1000V 方案相比能量密度显著提高，自用电消耗减少。采用液冷技术可以更好地确保电池在最佳温度范围内运行，保证储能系统的使用寿命。

（2）新能源 5000MW 2h 储能配置：750MW/1500MWh 方案。采用 1500V 液冷磷酸铁锂电池技术，可选单联或双联方案，单联机组采用 20 英尺集装箱，单个集装箱容量 1.5MW/3MWh；双联机组采用双机并联方案，组成 40 英尺集装箱，单个集装箱容量 3MW/6MWh。

二、火电联储

（一）火电 + 锂离子电池

储能系统是一个由多个电池组集成的大容量电源系统，机组调频降低负荷时，电储能装置处于充电运行状态，发电厂 6kV 厂用电系统经干式变压器，电压由 6kV/10kV 降至 0.4kV（由 PCS 交流侧电压确定），经整流装置整流成直流对电池充电；当机组调频增加负荷时，电储能装置处于放电运行状态，直流电池组经逆变器转换成交流 50Hz 电源，经干式变压器注入发电厂 6kV/10kV 厂用电系统，释放电能。由于电储能系统从 0 到最大出力的响应时间仅为数百毫秒，从而可以实现燃煤电厂的快速调节。火电 + 磷酸铁锂电池调频配置架构如图 1-24 所示。

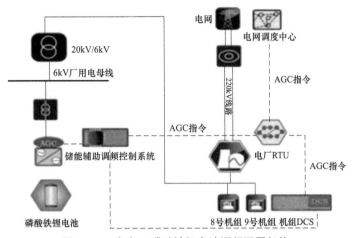

图 1-24　火电 + 磷酸铁锂电池调频配置架构

火电 + 储能辅助调频对储能电池性能有较高要求，AGC 调频对储能电池高频度、高强度电能充放的要求包括：高倍率特性、高爬坡特性、快速响应、能效比强、温升安全可控、寿命长等。储能系统将大幅提升火电机组调频性能，增加调频里程和补偿收益，同时在减少设备启停和负荷的升降、降低煤耗、延缓设备磨损、增加运行安全性等方面具有间接价值。储能调频系统组成如图 1-25 所示。

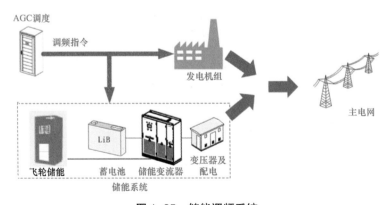

图 1-25　储能调频系统

（二）火电 + 飞轮混合调频场景

电网调度 AGC 指令下发到机组（直调机组），储能系统同时获取该 AGC 指令，由于火电机机组响应速度较慢（分钟级），储能系统利用自身响应速度快（飞轮毫秒级＋锂离子电池秒级）的特性，先弥补短时间内机组出力与 AGC 指令间的功率差值，等机组响应之后，储能系统出力可以逐渐降低，以确保储能系统和机组联合出力与 AGC 指令保持一致，并准备响应下一次 AGC 指令。

1. 飞轮储能控制系统

飞轮储能控制系统主要针对飞轮物理储能设备进行控制和状态监测，主要包括飞轮总控单元和飞轮本体控制单元两部分。飞轮总控单元包括总控核心模块、I/O 扩展单元模块、总控显示模块以及存储模块等，对多台飞轮设备进行总体监控，上报实时数据以及故障报警状态，并按照上报的实时数据根据控制算法对每台飞轮进行相应的功率控制。飞轮本体控制单元包括飞轮主控制模块、磁悬浮控制器、电力电子控制模块、通信转换控制模块等，收集飞轮本体各部分的工作状态以及采集的实时数据并上报给飞轮总控，同时执行飞轮总控发来的实时功率指令。

飞轮总控单元在系统运行后，实时接收能量管理系统给定的允许充电或放电指令以及总功率值，飞轮总控将立刻响应功率指令，对每台飞轮进行策略均衡，计算出每台所需的出力大小，并下发给每台飞轮进行实时出力。当其中一台或多台飞轮出现故障时，可将故障飞轮进行停机待人工检修处理，不影响其他飞轮和储能变流器（PCS）的正常运行。

为保障每个飞轮装置在同一时刻有相同能量状态（SOE）的能量进行充电和放电，充放电的功率指令值需要根据当前飞轮装置 SOE 的大小进行实时调整，但总输出功率保持当前时刻值不变。

飞轮电气系统通信框架由能量管理系统（EMS）、飞轮机侧变流器、网侧变流器（PCS）、监控终端（HMI）、电压互感器（TV）、电流互感器（TA）等组成，如图 1-26 所示。其中，EMS 与 TV、TA 之间采用模拟信号传输方式。EMS 通过配置 I/O 与机侧变流器的 I/O 连接，采用通用的串行异步通信协议，EMS 可实时下发给飞轮机侧变流器控制命令，并能实时读取飞轮机侧变流器的状态及数据。EMS 与网侧 PCS 之间采用以太网通信，传输距离长且可靠性高，EMS 采用通用的 Modbus TCP 协议与 PCS 之间进行数据交互，既能给 PCS 下发控制命令，又可以实时读取 PCS 的状态及数据。EMS 与外部监控终端 HMI 之间预留了 CAN 总线和 RS485 总线接口，EMS 可接收 HMI 控制指令，同时可将飞轮阵列数据传送给 HMI 进行显示。

2. 断电过程

飞轮高速旋转时，必须保证辅助电源正常供电（防止磁悬浮系统失效），一旦辅助电源非正常断电，飞轮监测保护系统（FMS）立即向机侧变流器发送刹车制动指令，迅速完成飞轮降速过程。

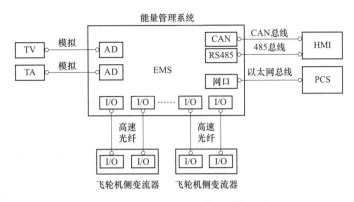

图 1-26 EMS 与飞轮阵列通信框架

正常断电时，首先采用放电模式或刹车制动完成飞轮降速过程，保证飞轮转速为零，才可停止悬浮并断开辅助电源供电。

3. 飞轮监测保护系统（FMS）

飞轮 FMS 实时监测飞轮储能系统状态及运行数据（包括定子温度、轴承温度、真空值、悬浮值、电压、电流、转速、电量等），并将监测数据回传给储能 DSC 进行监控，同时在飞轮终端屏幕显示。飞轮 FMS 还对飞轮系统起保护作用，一旦飞轮系统出现故障（过温、过电压、过电流、悬浮失效、真空泄漏等），飞轮 FMS 输出告警信息，并在几个周期无故障恢复情况下强制飞轮控制系统停机，甚至采取飞轮制动保护操作，并将故障信息和停机信息回传给储能 EMS 系统。

飞轮本体监测及告警、故障阈值见表 1-9，当监测值达到告警阈值，则 FMS 向 EMS 发出告警信息；当达到故障阈值则系统停机。

表 1-9   飞轮本体监测及告警、故障阈值

参数	告警阈值	故障阈值
电机温度（℃）	100	120
磁轴承温度（℃）	80	90
机械轴承温度（℃）	60	70
真空度（Pa）	100	200
悬浮状态	失稳	失稳且通信故障
飞轮倾斜角度	5°	10°
飞轮轴向振动幅值（mm/s）	4	6

三、独立储能

储能系统在电网中应用可以提升电网调峰能力，根据电源和负荷的变化情况，储能

系统可以及时、可靠地响应调度指令，并根据指令改变其出力水平。电网辅助服务一般分为容量型和功率型服务。共享储能（见图1-27）以电网为纽带，将独立分散的电网侧、电源侧、用户侧储能电站资源进行全网优化，交由电网进行统一协调，推动各端储能能力全面释放。

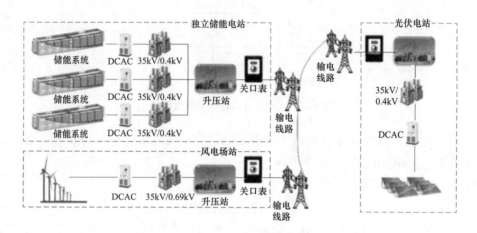

图1-27 共享储能系统架构

第二章
电力技术监督概述

第一节　电力技术监督的由来

　　电力技术监督指在电力工程建设和生产运行全过程中，对相关技术标准的执行情况进行检查；对电力设备设施和系统安全、质量、环保、经济运行有关的重要参数、性能指标开展检测和评价等。

　　电力技术监督开始于20世纪50年代初，源于前苏联，最初为对水、汽、油品质的化学监督及计量。20世纪50年代后期，随着高温、高压机组的发展又增加了金属监督。1963年，水利电力部明确把电力设备技术监督作为电力生产技术管理的一项具体管理内容。当时称为"四项监督"，即化学监督（主要是水汽品质监督和油务监督）、绝缘监督（电气设备绝缘检查）、仪表监督（热工仪表及自动装置的检查）、金属监督（主要是高温高压管道与部件的金属检查）。这四项都是预防性检查，主要是为了扭转技术管理混乱，对设备检查、监督不力的局面，加强生产检修管理工作而提出的，一直受到各级电力管理部门和基层生产单位的重视。

第二节　电力技术监督的发展

　　发电企业与电网企业拆分前的国家电力公司时期，电力技术监督工作主要由各省电科院承担。此时国家已将电力技术监督的范围扩大为电能质量、金属、化学、绝缘、热工、电测、环保、继电保护、节能等9个方面，并且要求实行从工程设计、设备选型、监造、安装、调试、试生产及运行、检修、停（备）用，技术改造等电力建设与电力生产全过程的技术监督。根据电力技术水平和运行状况的实际，根据新技术、新设备的使用情况，为不断适应电网的发展，适应现代化安全生产管理的要求，实现安全生产要求与技术监督内容动态管理的有机结合，一些省级技术监督部门又陆续把励磁技术监督、锅炉技术监督和汽轮机技术监督加了进来，形成了比较规范的 12 项技术监督。

电力企业拆分重组后，基建期技术监督因历史沿革由网省电力公司电力建设工程质量监督中心站负责电力建设基建期的监督。在厂网分开后，各省（市）经贸委对各网省电科院进行了生产期技术监督授权，行使生产期地方监督职能。2015 年，行业授权已自动废止，各发电集团组建其本企业的技术监督力量逐步开展自主监督，如中国华能集团有限公司委托西安热工研究院有限公司开展技术监督，中国大唐集团有限公司组建大唐电力试验研究院承担其电力技术监督工作，中国华电集团有限公司技术监督工作由华电电力科学研究院有限公司执行。

在大规模光伏、风电等新能源的发展和并网，构建了新型电力系统的背景下，由于新能源的波动性、随机性和间歇性等特点，给电网稳定运行带来非常不利影响，而为了减轻或消除大规模新能源并网对电网安全稳定运行带来的不利影响，储能行业开始蓬勃发展。储能形式多样，比如电化学储能、飞轮储能、压缩空气储能、熔融盐储能等，其中尤以电化学储能发展最为迅速、最为成熟、储能规模最大。

随着电化学储能电站的迅速发展，电化学储能技术监督工作应运而生，但由于电化学储能是新兴事物，其技术监督工作还处在初步发展阶段，需要进一步规范化、系统化，以保证电化学储能电站安全稳定运行。

第三节　电化学储能技术监督

一、电化学储能监督工作的背景

党的二十大报告强调：要积极稳妥推进碳达峰碳中和，深入推进能源革命，加快规划建设新型能源体系。截至 2021 年，风电、光伏新能源装机占比 27%，发电量占比 12%。2010~2021 年，新能源装机占比由 3% 提升至 27%，火电占比由 73% 降低至 53%。

截至 2020 年底，山东光伏装机容量为 2272.49 万 kW，位居全国第一；风电装机容量 1794.35 万 kW，位居全国第四；电化学储能规模约占全国的 2.5%，与风电、光伏和电力总装机容量相比，储能占比明显偏低。

根据习近平总书记和党的二十大的要求，新能源装机占比持续提升与火电水电占比持续降低的状态将持续至 2060 年前。由于大规模新能源的并网，为保持电网安全稳定运行，需要进行调峰。常规能源的调节手段包括火电深度调峰，抽水蓄能电站、燃气发电调峰；核电、大直流输电参与调节，其常规的能源调节能力有限。继而出现新型的储能调峰形式，如电化学储能、飞轮储能、压缩空气储能等，其中电化学储能发展最为成熟，应用最为广泛。

国家能源局综合司于 2023 年 8 月 10 日发布《关于认真贯彻落实全国安全生产电视电话会议精神　进一步加强电力安全监管工作的通知》（国能综通安全〔2023〕96 号）。通知提出，各单位要严格落实安全生产责任，清醒认识保障电力安全对于推动经济社会高质量发展的重要意义，准确把握当前电力安全严峻复杂形势，深刻汲取事故事件教训。电化学储能电站的安全稳定运行有赖于其运行维护、检修工作的规范以及储能技术的创新。

由于电化学储能电站处于发展的初级阶段，电网企业和各发电集团对电化学储能电站运行维护、检修、并网控制等现场工作还存在一些不足，为此需要加强电化学储能电站的技术监督工作，电化学储能电站技术监督工作因此应运而生。

二、电化学储能监督工作相关标准工作

为了更好地开展电化学储能监督工作，全国电力储能工作者结合现场工作实际，总结电化学运行、检修等阶段的经验，编制了电化学储能电站的运行维护、检修、运行指标及评价、调度运行管理、并网运行与控制技术等方面的标准规程。

DL/T 2580—2022《储能电站技术监督导则》编制工作由中国电力企业联合会提出，全国电力储能标准化技术委员会归口，国网湖南省电力有限公司经济技术研究院、中国电力科学研究院有限公司等单位起草，国家能源局于 2022 年 11 月 4 日发布，2023 年 5 月 4 日正式实施。

GB/T 40090—2021《储能电站运行维护规程》编制工作由中国电力企业联合会提出并归口，中国电力科学研究院有限公司、国网江苏省电力有限公司镇江供电分公司等单位起草，国家市场监督管理总局于 2021 年 4 月 30 日发布，2021 年 11 月 1 日正式实施。

GB/T 42315—2023《电化学储能电站检修规程》编制工作由中国电力企业联合会提出，全国电力储能标准化技术委员会归口，国网冀北电力有限公司电力科学研究院、中国电力科学研究院有限公司等单位起草，国家市场监督管理总局于 2023 年 3 月 17 日发布，2023 年 10 月 1 日正式实施。

GB/T 36549—2018《电化学储能电站运行指标及评价》编制工作由中国电力企业联合会提出，全国电力储能标准化技术委员会归口，上海电力设计院有限公司、中国电力科学研究院有限公司等单位起草，国家市场监督管理总局于 2018 年 7 月 13 日发布，2019 年 2 月 1 日正式实施。

DL/T 2246.1~2246.9—2021《电化学储能电站并网运行与控制技术规范》编制工作由中国电力企业联合会提出，全国电网运行与控制标准化技术委员会归口，国网江苏省电力有限公司、中国电力科学研究院有限公司等单位起草，国家能源局于 2021 年 1 月 7 日发布，2021 年 7 月 1 日正式实施。

第三章

储能电站技术监督体系

第一节　组织机构体系

一、组织机构设置原则

（1）电化学储能电站技术监督工作实行集团公司、区域公司、电化学储能电站三级管理。

（2）电化学储能电站应建立健全以总工程师（或生产副总经理）为技术监督总负责人的技术监督管理网络，落实责任，建立并完善技术监督管理体系，按责任制的要求，一级对一级负责，工作到位，责任到人。

（3）电化学储能电站要建立健全各专业技术监督工作制度、规程，制定规范的检验、试验和监测方法，使监督工作有法可依、有标准对照。要严格按规程、标准、反措开展技术监督工作，当国家标准与制造厂标准存在差异时，按高标准执行；要逐级建立技术监督报告、签字验收、责任追溯及处理的闭环管理制度和程序。

（4）技术监督网络成员应根据岗位变动情况及时调整技术监督网，并及时报上级公司和上级技术监督部门备案。

二、组织机构及其职责

（1）技术监督归口管理部门：负责制定有关办法、标准，贯彻国家、行业有关法律、法规及标准，指导检查各区域公司、电化学储能电站技术监督工作。

（2）技术监督单位：对区域公司及所管理电化学储能电站技术监督工作行使指导与监督职能。

（3）技术服务和技术支撑单位：按要求开展技术监督管理及相关检验检测及异常分

析工作。

（4）区域公司是区域技术监督工作的管理主体，按照技术监督工作的有关要求，指导、监督、协调所管理电化学储能电站的技术监督工作。

（5）电化学储能电站是技术监督工作的主体，应依据上级有关技术监督政策、规程、标准、制度、技术措施等积极主动开展技术监督工作，对技术监督工作负直接责任。

（6）电化学储能电站应建立健全全员安全生产责任制和安全生产规章制度，包括工作票、操作票、交接班制度、巡视检查制度、设备定期试验和轮换制度，以及岗位责任制、人员管理制度、设备管理制度、特种设备管理制度、动火管理制度、安全设施及安全工器具管理制度、环境管理制度、危险物品安全管理制度、危险源安全管理制度、安全监督检查制度、消防安全管理制度、反违章工作管理制度等。

（7）电化学储能电站应构建安全风险分级管控和隐患排查治理双重预防机制，定期开展危险源辨识和风险评价并做好反事故措施。

（8）电化学储能电站应制定安全生产事故应急救援预案，包括电池热失控、火灾、触电、机械伤害、自然灾害等事故的应急预案。

三、组织机构管理要求

（1）技术监督归口管理部门应建立统一的信息化管理平台，实行全过程规范化、标准化管理。电化学储能电站技术监督实施细则及技术监督管理办法是系统内开展技术监督工作的主要依据。

（2）技术监督单位应结合新技术、新方法的应用，定期完善技术监督实施细则；定期组织技术监督专责人培训；不断跟踪国家、行业有关标准、规程，定期发布适用标准、规程的最新版本；每年对发电企业进行技术监督检查，对检查及生产过程中发现的重大问题，组织专题研究，辅助集团公司决策；对储能电站技术监督管理工作进行考核评比，考评结果上报，并作为星级电化学储能电站技术监督评分依据；定期组织召开技术监督会议（含专业会议）、技术交流，促进技术监督专业管理；在每年 12 月底前发布电化学储能电站重点技术监督计划，在每季度首月 15 日前集团报送季度（年度）技术监督工作报告。

（3）区域公司应统筹管理区域技术监督工作，整合区域技术监督资源，组织开展区域技术监督网络活动和自查评，督促技术监督问题整改，落实组织的技术监督检查、培训、考核评价等工作。

（4）电化学储能电站应建立健全技术监督管理网络，明确各级监督岗位责任制，按照技术监督实施细则和相关规程要求，在工程设计、设备选型、监造、安装、调试、试生产及运行、检修、技术改造和停（备用）等各阶段，实行全过程的技术监督，及时发现和消除存在的问题，不断摸索和掌握电化学储能电站设备的运行性能和变化规律。

（5）电化学储能电站应定期向上级技术监督管理部门报送技术监督材料，每月报送上月各专业技术监督报表，每季度首月报送上季度技术监督总结，每年初报送本年度技术监督工作计划。

第二节 标准制度体系

一、技术标准概述

（1）标准体系是指一定范围内的标准按照其内在联系形成的科学有机整体。电化学储能标准体系涵盖了该储能领域范围内需要共同遵守的全部标准，包括了已发布的标准、正在制/修订的标准、待制定的标准。

（2）从标准层级上划分，标准体系包含国家、行业和团体标准，国家、行业和团体标准协调统一、衔接配套，共同组成新型储能标准体系。

（3）从生产流程上划分，标准体系涵盖基础通用、规划设计、施工验收、运行维护、设备及试验、安全环保、技术管理等专业技术领域，覆盖了电化学储能工程建设、生产运行以及安全环保、技术管理等专业技术内容。

1）基础通用类标准：主要对电化学储能标准体系中的共性内容进行规定，主要涉及电化学储能领域的术语、图形、符号、编码等方面。

2）规划设计类标准：主要对电化学储能电站规划、勘察、设计进行规定，从电站规划、勘察、各阶段设计等方面提出相关要求。

3）施工及验收类标准：主要对电化学储能电站工程施工、安装、验收进行规定，包括电站土建及各系统设备安装、调试、质量验收、启动验收、施工质量评定等方面。

4）运行维护类标准：主要对电化学储能电站运行、维护、并网调度进行规定，包括电站运行监视、运行操作、巡视检查、异常及故障处理等方面要求，设备及系统维护要求以及电化学储能电站并网调度运行与控制等方面要求。

5）检修类标准：主要对电化学储能电站主要设备检修、试验进行规定，包括计划检修、故障检修、状态检修等检修方式以及修前检测、修后试验等方面。

6）设备及试验类标准：主要对电化学储能电站主要设备及系统的技术要求、试验检测等进行规定，包括电池、电池管理系统、储能变流器、能量管理系统等设备的技术要求及型式试验、出厂检验、现场实验等检测方法要求，还包括电化学储能电站接入电网技术要求、梯次利用电池及系统技术要求等方面。

7）安全环保类标准：主要对电化学储能电站建设、运行阶段的安全等进行规定，提出电化学储能电站设备设施安全、操作安全、运行与检修安全等方面技术要求以及电化学储能电站应急管理方面相关要求，涵盖电化学储能电站建设、运行维护、检修、试验等方面。

8）技术管理类标准：主要对电化学储能电站工程建设、生产运行全过程技术管理进行规定，包括电化学储能电站各专业及关键设备技术监督、运行指标评价、后评价、设备监造、项目管理以及技术经济等方面。

二、电化学储能技术监督国家行业标准现状

（1）电化学储能电站规划设计阶段应执行的核心标准是 GB 51048—2014《电化学储能电站设计规范》。该规范充分考虑了电化学储能电站关键设备特点及应用需要，对电站站址选择和布置、储能系统、电气、建筑与结构、供暖通风与空气调节、给排水、消防等方面设计要求进行了规定。

（2）DL/T 5180—2020《电化学储能电站接入电网设计规范》对 35kV 及以上电压等级电化学储能电站接入电网条件、一次系统设计和二次系统设计进行了规范，明确了接入电压等级、接入方案、电气参数和接口、继电保护、调度自动化、电能计量、通信系统和电能质量监测等各方面的设计要求，对电化学储能电站接入电力系统的规划设计具有重要指导意义。

（3）电化学储能电站关键设备采购、试验、检测、安装调试等阶段应执行的核心标准包括 GB/T 36276—2018《电力储能用锂离子电池》、GB/T 34131—2023《电力储能用电池管理系统》、GB/T 34120—2017《电化学储能系统储能变流器技术规范》等。这些标准对于规范设备采购和检验，保证电化学储能电站全寿命周期运行的安全性和可靠性具有重要指导意义。

（4）电化学储能电站并网阶段应执行的核心标准包括 GB/T 36547—2018《电化学储能系统接入电网技术规定》和 GB/T 36548—2018《电化学储能系统接入电网测试规范》。这两项标准分别规定了电化学储能系统接入电网的电能质量、功率控制、电网适应性、保护与安全自动装置等技术要求，以及电化学储能电站接入电网的测试条件、测试设备、测试项目及方法等，对于保障电化学储能电站并网质量及电化学储能系统安全稳定运行具有重要作用。

（5）电化学储能电站运行维护阶段应执行的核心标准是 GB/T 40090—2021《电化学储能电站运行维护规程》。该标准对大中型的电化学储能电站运行维护进行了规范，包括电站运行监视内容、操作和巡检项目等要求。结合电化学储能电站特点，提出了异常运行和故障情况的处理方法以及储能电站储能设备维护的具体要求和建议维护周期，对于提升电化学储能电站长期安全稳定运行具有指导意义。

（6）GB/T 42288—2022《电化学储能电站安全规程》规定了电化学储能电站设备设施安全技术要求、运行、维护、检修、试验等方面的安全要求，涉及储能电池、电池管理系统（BMS）、储能变流器（PCS）、能量管理系统（EMS）、监控系统、消防等各类设备的检修安全规定。该标准对进一步提升电化学储能电站全寿命周期的安全性，有效保障电化学储能电站安全稳定运行具有重要作用。

（7）针对电化学储能电站建设的特殊要求，相关部门正在组织制定工程建设国家标准《电化学储能电站施工及验收规范》，主要规定了电化学储能电站在施工、设备安装、

验收三个方面的要求，针对电化学储能特点及安全要求，提出了电站整体系统安装与调试的技术要求，环境与水土保持、安全与职业健康要求等。

三、技术监督企业标准建设

（1）修订并发布技术监督管理办法、技术监督实施细则、技术监督现场评价细则、技术监督指标评价细则等。

（2）各电化学储能电站应结合发布的技术监督管理制度，制定本电站的技术监督管理标准、技术监督实施细则等。

（3）各电化学储能电站应注意在采购、建设、运维等阶段总结提炼，加快未制定的标准编制工作，填补空白。

四、技术监督工作标准化

（1）电化学储能电站技术监督是生产技术管理的一项重要基础工作，应当坚持"安全第一、预防为主"的方针，按照依法监督、分级管理的原则，对电站设备在设计与选型、安装与调试、运行与维护、检修等所有环节实施全过程闭环管理。

（2）电化学储能电站设计应积极采用新技术、新工艺、新设备、新材料，设备的配置选型应符合技术规程和设计规程的要求，在满足应用功能的情况下，应选择经济、环保、高效、安全、可靠、少维护型设备。

（3）电化学储能电站安装调试单位应严格控制工程质量，保证工程建设与工程设计相符，调试项目齐全。储能电站运行前应通过并网调试及验收，验收单位应严把新设备投产验收关，严格履行工程建设资料移交手续。

（4）电化学储能电站应配备能满足电站安全可靠运行的运行维护人员，运行维护人员上岗前应经过培训，掌握电站的设备性能和运行状态；应加强运行巡检、运行操作、异常运行及故障处理、运行指标统计和运行效果评价的管理。

（5）电化学储能电站检修应加强质量控制和风险管控，提前编制检修计划，明确检修目标、项目和工期，编制安全、组织和技术措施。

（6）电化学储能电站的安全性能应满足储能电池的防火、防爆、通风要求，并符合 GB 50016—2014《建筑设计防火规范（2018 年版）》和 GB 51048—2014《电化学储能电站设计规范》的有关规定。

（7）电化学储能电站相关设备应符合国家规定的认证认可机构的检测认证，涉网设备应符合接入电网相关技术要求。

（8）电化学储能系统接入公共连接点的谐波电压应满足 GB/T 14549—1993《电能质量　公用电网谐波》的要求，间谐波电压应满足 GB/T 24337—2009《电能质量　公用电网间谐波》的要求，电压偏差应满足 GB/T 12325—2008《电能质量　供电电压偏差》的要求，电压波动和闪变值应满足 GB/T 12326—2008《电能质量　电压波动和闪变》的要求，电压不平衡度应满足 GB/T 15543—2008《电能质量　三相电压不平衡》的要求。

（9）对电化学储能电站电池、电池管理系统、储能变流器、能量管理系统、继电保护装置等设备不符合技术要求，未按照技术要求及检测规程进行电池型式试验（包括单体电池、电池模块、电池簇）、变流器型式试验、出厂检验，未进行设备进场检测，安装验收环节未严格执行监理制度，并网检测、启动验收、专项验收不符合标准要求，现场运行及检修规程缺失，未建立应急管理体系等相关行为应予以坚决制止。完善工程建设管理机制，严格把关项目设计、施工、验收等环节；加强电站安全运行和维护管理，建立安全防护及预警机制；建立电站安全退出机制。

第三节　技术监督专业划分

依据 DL/T 2580—2022《储能电站技术监督导则》规定，储能电站按技术监督专业划分为绝缘监督、电能质量监督、继电保护监督、监控及自动化监督、信息通信监督、电测量监督、热工监督、金属材料监督、化学监督、环保监督、节能监督，共十一项。

一、绝缘监督

绝缘监督主要监督储能单元、电气一次设备的绝缘性能，防污闪、过电压保护及接地措施。

二、电能质量监督

电能质量监督主要监督电压偏差、频率偏差、谐波、三相电压不平衡度、电压波动和闪变、畸变率等指标的检测内容、周期和方法，以及电能质量监测设备的性能，应符合 DL/T 1053—2017《电能质量技术监督规程》的规定。

三、继电保护监督

继电保护监督主要监督继电保护装置、安全自动装置、继电保护通道设备、相关二次回路及设备、同步时钟授时系统、直流电源系统、交流不间断电源系统等设备的性能，应符合 DL/T 2253—2021《发电厂继电保护及安全自动装置技术监督导则》的规定。

四、监控及自动化监督

监控及自动化监督主要监督监控系统、AGC/AVC 控制系统、远动装置、调度生产管理系统、安防系统、其他辅助系统等设备和系统的性能。

五、信息通信监督

信息通信监督主要监督存储设备、安全接入设备、安全防护设备、网络传输设备及介质等设备设施的性能。

六、电测量监督

电测量监督主要监督电流、电压、功率等电气量指标，以及各类测量仪表、装置、变换设备的性能，应符合 DL/T 1199—2013《电测技术监督规程》的规定。

七、热工监督

热工监督主要监督温度、压力、液位、流量等热工指标，以及测量仪表、装置、变换设备的性能，应符合 DL/T 1056—2019《发电厂热工仪表及控制系统技术监督导则》的规定。

八、金属材料监督

金属材料监督主要监督金属线材、金属部件、电瓷部件、压力容器、承压管道、高速转动部件等设备设施的材质性能，焊接材料、胶接材料、焊缝、胶接面、防腐涂镀层的质量。

九、化学监督

化学监督主要监督电解液、水、油、气的品质，设备的化学腐蚀情况及化学仪器仪表的性能。

十、环保监督

环保监督主要监督设备设施及系统的噪声、磁场、废气、废液、固体废弃物的控制、存放及处理措施等。

十一、节能监督

节能监督主要监督设备设施及系统的能耗和节能要求等，应符合 DL/T 1052—2016《电力节能技术监督导则》的规定。

第四节 技术监督范围

一、电池

电池设备技术监督应包括但不限于电池的一致性、功率、容量、效率、过载能力、SOC 精度、保护功能、过充、过放、阻燃性能及电池舱的通风、采暖、温度等性能参数。

二、电池管理系统（BMS）

BMS 系统的技术监督应包括但不限于 BMS 系统的计算性能、信息交互、故障诊断、电压采集精度、电流采集精度、温度采集精度、均衡性能、故障报警及保护功能、通信等性能参数。

三、储能变流器（PCS）

PCS 系统的技术监督应包括但不限于 PCS 的绝缘、效率、损耗、过载能力、电网适应能力、谐波畸变率、功率控制精度、并网功率因数、故障穿越、充放电转换时间、保护、通信、温升、噪声、环境等性能参数。

四、能量管理系统（EMS）

EMS 系统的技术监督应包括但不限于 EMS 系统的数据采集、监控、功率控制、电压调节及协调控制等功能、特性。

五、其他设备

其他设备设施技术监督应符合 DL/T 1051—2019《电力技术监督导则》相关要求。

第四章

储能电站设计选型监督

第一节　概述

储能电站的设计是储能电站技术监督的基础，科学合理的设计才能保证后期电站的运维安全性、可靠性和经济性，保证电站稳定运行。

（1）电化学储能电站站址选择应根据电力系统规划设计的网络结构、负荷分布、应用对象、应用位置、城乡规划、征地拆迁的要求进行，并应满足防火和防爆要求，应通过技术经济比较选择站址方案。

（2）发电侧和电网侧储能电站站址不应贴邻或设置在生产、储存、经营易燃易爆危险品的场所，不应设置在具有粉尘、腐蚀性气体的场所，不应设置在重要架空电力线路保护区内；当设置在发电厂、变电站内时，电池设备室与其他电力设施的安全距离应符合 GB 51048—2014 等技术标准的相关规定。

（3）电化学储能电站可采用独立建设储能电站，亦可结合需求类型、建设规模、接入电压等级等与新能源基地的风电场、光伏电站、变电站等合建。当采用合建方式时，宜与配电设施、站用电设施、监控系统、通信系统、辅助控制系统等进行融合。

（4）新能源基地送电配套的新型储能宜优先考虑调峰平衡，发挥支撑新能源并网消纳和输电通道安全稳定运行作用。同时，可考虑满足电力系统运行对调频、调压、调相、紧急功率支撑、黑启动等方面的技术性能要求。

（5）新能源基地送电配置新型储能的选型应匹配基地对储能时长、充放电速度、充放电倍率、充放电次数、响应速率、调节精度、经济性等的需求。

（6）对于调频储能电站，应根据负荷计算，应保证储能系统在任意调频模式下原电厂机组的运行安全。当新增负荷接入机组厂用母线时，控制和保护系统应实时监控机组厂用电负荷，并根据实际负荷采取限制储能系统充电电流的措施。

第二节　设计选型要求

1. 锂离子电池

（1）储能电池应选择安全、可靠、环保型电池，可选择锂离子电池、液流电池等，宜根据储能效率、循环寿命、能量密度、功率密度、充放电深度能力、自放电率和环境适应能力等技术条件进行选择。

（2）储能电池宜采用模块化设计，不得选用梯次利用的锂离子电池。

（3）电池的布置应满足电池的防火、防爆、防潮和通风要求，并满足 GB 51048—2014 的规定。

（4）电池及电池模块应具有安全防护设计。在充放电过程中外部遇明火、撞击、雷电、短路、过充电、过放电、盐雾与高温高湿等各种意外因素时，不应发生爆炸。

（5）电池单体电压差、电池单体容量差等一致性应符合技术要求。

（6）电力储能用锂离子电池的规格信息应采用易识别、易读取的编码或文本形式标示于产品外观或铭牌，规格的标识应符合 GB/T 36276—2018 的规定。

（7）电池单体的基本性能。电池单体初始充放电能量应符合下列要求：

1）初始充电能量不小于额定充电能量。

2）初始放电能量不小于额定放电能量。

3）能量效率不小于 90%。

4）试验样品的初始充电能量的极差平均值不大于初始充电能量平均值的 6%。

5）试验样品的初始放电能量的极差平均值不大于初始放电能量平均值的 6%。

（8）能量型电池单体倍率充放电性能应符合下列要求：

1）2Pren（n 小时率额定充电功率）、2Prdn'（n 小时率额定放电功率）条件下充电能量相对于 Pren、Prdn' 条件下充电能量的能量保持率不小于 95%。

2）2Pren、2Prdn' 条件下放电能量相对于 Pren、Prdn' 条件下放电能量的能量保持率不小于 95%。

3）4Pren、4Prdn' 条件下充电能量相对于 Pren、Prdn' 条件下充电能量的能量保持率不小于 90%。

4）4Pren、4Prdn' 条件下放电能量相对于 Pren、Prdn' 条件下放电能量的能量保持率不小于 90%。

5）Pren 和 Prdn' 条件下能量效率不小于 90%。

6）2Pren 和 2Prdn' 条件下能量效率不小于 85%。

7）4Pren 和 4Prdn' 条件下能量效率不小于 80%。

（9）功率型电池单体倍率充放电性能应符合下列要求：

1）2Pren、2Prdn' 条件下充电能量相对于 Pren、Prdn' 条件下充电能量的能量保持率不小于 90%。

2）2Pren、2Prdn′ 条件下放电能量相对于 Pren、Prdn′ 条件下放电能量的能量保持率不小于 90%。

3）4Pren、4Prdn′ 条件下充电能量相对于 Pren、Prdn′ 条件下充电能量的能量保持率不小于 87%。

4）4Pren、4Prdn′ 条件下放电能量相对于 Pren、Prdn′ 条件下放电能量的能量保持率不小于 87%。

5）Pren 和 Prdn′ 条件下能量效率不小于 90%。

6）2Pren 和 2Prdn′ 条件下能量效率不小于 86%。

7）4Pren、4Prdn′ 条件下能量效率不小于 80%。

（10）电池单体高温充放电性能应符合下列要求：

1）充电能量不小于初始充电能量的 98%。

2）放电能量不小于初始放电能量的 98%。

3）能量效率不小于 90%。

（11）能量型电池单体低温充放电性能应符合下列要求：

1）充电能量不小于初始充电能量的 80%。

2）放电能量不小于初始放电能量的 75%。

3）能量效率不小于 75%。

（12）功率型电池单体低温充放电性能应符合下列要求：

1）充电能量不小于初始充电能量的 65%。

2）放电能量不小于初始放电能量的 60%。

3）能量效率不小于 75%。

（13）绝热温升。应提供绝热条件下电池单体不同温度点对应的温升速率数据表，且应提供根据记录的试验数据作出的温度 – 温升速率曲线。

（14）电池单体室温能量保持与能量恢复能力应符合下列要求：

1）能量保持率不小于 90%。

2）充电能量恢复率不小于 92%。

3）放电能量恢复率不小于 92%。

（15）电池单体高温能量保持与能量恢复能力应符合下列要求：

1）能量保持率不小于 90%。

2）充电能量恢复率不小于 92%。

3）放电能量恢复率不小于 92%。

（16）电池单体储存性能应符合下列要求：

1）充电能量恢复率不小于 90%。

2）放电能量恢复率不小于 90%。

（17）能量型电池单体循环性能应符合下列要求：

1）循环次数达到 1000 次时，充电能量保持率不小于 90%。

2）循环次数达到 1000 次时，放电能量保持率不小于 90%。

（18）功率型电池单体循环性能应符合下列要求：

1）循环次数达到 2000 次时，充电能量保持率不小于 80%。

2）循环次数达到 2000 次时，放电能量保持率不小于 80%。

（19）电池单体的安全性能。

1）将电池单体充电至电压达到充电终止电压的 1.5 倍或时间达到 1h，不应起火、爆炸。

2）将电池单体放电至时间达到 90min 或电压达到 0V，不应起火、爆炸。

3）将电池单体正、负极经外部短路 10min，不应起火、爆炸。

4）将电池单体挤压至电压达到 0V 或变形量达到 30% 或挤压力达到（13±0.78）kN，不应起火、爆炸。

5）将电池单体的正极或负极端子朝下从 1.5m 高度处自由跌落到水泥地面上 1 次，不应起火、爆炸。

6）将电池单体在低气压环境中静置 6h，不应起火、爆炸、漏液。

7）将电池单体以 5℃/min 的速率由环境温度升至（130±2）℃并保持 30min，不应起火、爆炸。

8）触发电池单体达到热失控的判定条件，不应起火、爆炸。

（20）电池模块的基本性能。电池模块初始充放电能量应符合下列要求：

1）初始充电能量不小于额定充电能量。

2）初始放电能量不小于额定放电能量。

3）能量效率不小于 93%。

4）试验样品的初始充电能量的极差平均值不大于初始充电能量平均值的 7%。

5）试验样品的初始放电能量的极差平均值不大于初始放电能量平均值的 7%。

（21）能量型电池模块倍率充放电性能应符合下列要求：

1）2Pren、2Prdn′ 条件下充电能量相对于 Pren、Prdn′ 条件下充电能量的能量保持率不小于 95%。

2）2Pren、2Prdn′ 条件下放电能量相对于 Pren、Prdn′ 条件下放电能量的能量保持率不小于 95%。

3）4Pren、4Prdn′ 条件下充电能量相对于 Pren、Prdn′ 条件下充电能量的能量保持率不小于 90%。

4）4Pren、4Prdn′ 条件下放电能量相对于 Pren、Prdn′ 条件下放电能量的能量保持率不小于 90%。

5）Pren 和 Prdn′ 条件下能量效率不小于 93%。

6）2Pren 和 2Prdn′ 条件下能量效率不小于 91%。

7）4Pren 和 4Prdn′ 条件下能量效率不小于 88%。

（22）功率型电池模块倍率充放电性能应符合下列要求：

1）2Pren、2Prdn′ 条件下充电能量相对于 Pren、Prdn′ 条件下充电能量的能量保持率不小于 92%。

2）2Pren、2Prdn′ 条件下放电能量相对于 Pren、Prdn′ 条件下放电能量的能量保持率不小于 92%。

3）4Pren、4Prdn′ 条件下充电能量相对于 Pren、Prdn′ 条件下充电能量的能量保持率不小于 87%。

4）4Pren、4Prdn′ 条件下放电能量相对于 Pren、Prdn′ 条件下放电能量的能量保持率不小于 90%。

5）Pren 和 Prdn′ 条件下能量效率不小于 92%。

6）2Pren 和 2Prdn′ 条件下能量效率不小于 88%。

7）4Pren、4Prdn′ 条件下能量效率不小于 82%。

（23）电池模块高温充放电性能应符合下列要求：

1）充电能量不小于初始充电能量的 98%。

2）放电能量不小于初始放电能量的 98%。

3）能量效率不小于 90%。

（24）能量型电池模块低温充放电性能应符合下列要求：

1）充电能量不小于初始充电能量的 80%。

2）放电能量不小于初始放电能量的 75%。

3）能量效率不小于 75%。

（25）功率型电池模块低温充放电性能应符合下列要求：

1）充电能量不小于初始充电能量的 65%。

2）放电能量不小于初始放电能量的 60%。

3）能量效率不小于 75%。

（26）电池模块室温能量保持与能量恢复能力应符合下列要求：

1）能量保持率不小于 90%。

2）充电能量恢复率不小于 92%。

3）放电能量恢复率不小于 92%。

（27）电池模块高温能量保持与能量恢复能力应符合下列要求：

1）能量保持率不小于 90%。

2）充电能量恢复率不小于 92%。

3）放电能量恢复率不小于 92%。

（28）电池模块储存性能应符合下列要求：

1）充电能量恢复率不小于 90%。

2）放电能量恢复率不小于 90%。

（29）电池模块绝缘性能。按标称电压计算，电池模块正极与外部裸露可导电部分之间、电池模块负极与外部裸露可导电部分之间的绝缘电阻均不应小于1000Ω/V。

（30）电池模块的耐压性能。在电池模块正极与外部裸露可导电部分之间、电池模块负极与外部裸露可导电部分之间施加相应的电压，不应发生击穿或闪络现象。

（31）能量型电池模块循环性能应符合下列要求：

1）循环次数达到500次时，充电能量保持率不小于90%。

2）循环次数达到500次时，放电能量保持率不小于90%。

（32）功率型电池模块循环性能应符合下列要求：

1）循环次数达到1000次时，充电能量保持率不小于80%。

2）循环次数达到1000次时，放电能量保持率不小于80%。

（33）电池模块的安全性能。

1）将电池模块充电至任一电池单体电压达到电池单体充电终止电压的1.5倍或时间达到1h，不应起火、爆炸。

2）将电池模块放电至时间达到90min或任一电池单体电压达到0V，不应起火、爆炸。

3）将电池模块正、负极经外部短路10min，不应起火、爆炸。

4）将电池模块挤压至变形量达到30%或挤压力达到（13±0.78）kN，不应起火、爆炸。

5）将电池模块的正极或负极端子朝下从1.2m高度处自由跌落到水泥地面上1次，不应起火、爆炸。

6）在海洋性气候条件下应用的电池模块应满足盐雾性能要求，在喷雾—储存循环条件下，不应起火、爆炸、漏液，外壳应无破裂现象。

7）在非海洋性气候条件下应用的电池模块应满足高温高湿性能要求，在高温高湿储存条件下，不应起火、爆炸、漏液，外壳应无破裂现象。

8）将电池模块中特定位置的电池单体触发达到热失控的判定条件，不应起火、爆炸，不应发生热失控扩散。

（34）电池簇的性能。电池簇初始充放电能量应符合下列要求：

1）初始充电能量不小于额定充电能量。

2）初始放电能量不小于额定放电能量。

3）能量效率不小于92%。

（35）电池簇初绝缘性能。按标称电压计算，电池簇正极与外部裸露可导电部分之间、电池簇负极与外部裸露可导电部分之间的绝缘电阻均不应小于1000Ω/V。

（36）电池簇的耐压性能。在电池簇正极与外部裸露可导电部分之间、电池簇负极与外部裸露可导电部分之间施加相应的电压，不应发生击穿或闪络现象。

（37）锂离子电池储存时应符合下列要求：

1）产品宜以40%~50%荷电状态储存在环境温度为5℃~35℃、相对湿度不大于

95%的清洁、干燥及通风良好的室内。

2）产品储存时不得倒置，并避免机械冲击和重压。

3）产品储存时不受阳光直射，避免与腐蚀性介质接触，远离火源及热源。

4）从出厂之日起，每储存6个月宜按指定要求补充电。

2. 全钒液流电池

（1）全钒液流电池系统在设计过程中应考虑可以预见的危险性气体泄漏，并安装具有排放或处理危险气体功能的装置。

（2）全钒液流电池系统在设计过程中应考虑可以预见的危险性液体泄漏，并安装具有收集、循环利用或安全处理上述液体功能的装置。

（3）全钒电解液的包装、运输和储存要求。

1）产品应使用耐硫酸腐蚀的塑料容器，容积符合组批要求，并使用耐硫酸腐蚀的塑料盖密封。

2）宜使用符合GB/T 19161—2016《包装容器　复合式中型散装容器》中2类规格要求的高密度聚乙烯中型散装容器包装，每桶1m³。

3）产品的运输和储存温度范围为：−15~40℃，并避免长期阳光直射。

4）需要时，可以在容器中注入氮气作为保护气体。

（4）全钒液流电池按照GB/T 32509—2016《全钒液流电池通用技术条件》的试验方法，用绝缘电阻测试仪测量电池系统正、负极接口对地之间的绝缘电阻，绝缘电阻应不小于1MΩ。

（5）全钒液流电池的过充性能、过放性能、阻燃性能、短路保护性能、氢气纯度等应满足GB/T 32509—2016的规定。

（6）全钒液流电池系统以额定功率充电至充电截止条件后，继续以恒功率进行充电，电池系统应自动启动过充电告警功能。

（7）全钒液流电池系统以额定功率放电至放电截止条件后，继续以恒功率进行放电，电池系统应自动启动过放电告警功能。

（8）全钒液流电池系统按照GB/T 32509—2016要求进行氢气浓度试验，氢气的体积百分数应低于2%。

（9）全钒液流电池系统容量保持能力按GB/T 32509—2016要求进行试验，电池系统瓦时容量保持率应大于90%。

（10）全钒液流电池系统低温储存性能按GB/T 32509—2016要求进行试验，放电瓦时容量应不小于额定瓦时容量的95%。

（11）全钒液流电池系统高温储存性能按GB/T 32509—2016要求进行试验，放电瓦时容量应不小于额定瓦时容量的95%。

（12）全钒液流电池系统阻燃性能按要求进行试验后，其外壳、储罐、管路及内部相关重要部件应符合GB/T 2408—2021《塑料　燃烧性能的测定　水平法和垂直法》的要求。

（13）全钒液流单元电池系统充满电后静置 30min，测量单元电池系统各电堆的静态开路电压，各电堆之间静态开路电压最大值、最小值与平均值的差值应分别不超过平均值的 ±2%。

（14）全钒液流单元电池系统能量效率应大于 65%，能量保持率应大于 90%。

3. 电池管理系统

（1）电池管理系统应与电池的成组方式相匹配与协调，采用分层的拓扑配置方式，实现对全部电池运行状态的监测、控制和管理。

（2）电池管理系统各层级的功能由电池管理系统的拓扑配置情况决定，各层级之间应具有相互数据交互功能。

（3）电池管理系统的供电电源可采用交流或直流电源，其中交流电源额定电压宜为 220V，直流电源额定电压宜为 110V 或 220V。

（4）电池管理系统宜在电池柜内合理布置或就近布置。

（5）电池管理系统应可靠接地。

（6）电池管理系统线束应采用阻燃和防短路设计。

（7）电池管理系统应具有数据采集功能。

1）锂离子电池的电池管理系统应能实时监测电池的相关数据，包括但不限于电池单体电压、电池模块电压、电池模块电流、电池簇电压、电池簇电流、电池单体温度、绝缘电阻等参数。

2）液流电池管理系统应能实时监测液流电池系统的相关数据，包括但不限于电堆或模块电压、电流和电解液温度、压力、流量、液位等参数。

3）电池管理系统留有检测电池系统环境相关数据的接口，环境相关数据包括但不限于环境温度、环境湿度、可燃气体浓度、烟雾等参数。

（8）电池管理系统应具有估算功能。

1）电池管理系统应具有电池 SOC 的实时估算功能，宜具有 SOE、SOH 的估算功能。

2）电池管理系统宜具有可充放电量估算功能，电量统计功能和电池单位时间温度变化计算功能。

（9）电池管理系统应具有电能量统计功能，包括并不限于累计充放电量、单次充放电量等。

（10）锂电池的电池管理系统应具有均衡功能。

（11）电池管理系统应具有控制功能。

1）锂电池的电池管理系统应具有充放电功率控制和热管理控制功能，宜能与安防系统、温控系统等设备进行安全联动。

2）对于两簇以上电池直流端并联的锂离子电池，电池管理系统应具有电池簇间防环流保护功能，应能控制电池簇的投入和退出，实现对电池簇的维护。

3）液流电池管理系统应能控制电解液循环系统和热管理系统，能与相关环境监测设备进行安全联动。

4）液流电池管理系统应具有充放电功率响应功能，通过功率指标调节模块系统工艺参数，进行充放电。

（12）电池管理系统应具有保护功能：

1）电池管理系统应具有自检功能，应能对自身的参数和功能进行分析和判断，对严重影响使用和安全异常的情况给出预警，进行自我保护。

2）电池管理系统应具有参数设定功能，应能就地实现对电池系统运行参数、报警、保护值的设定，宜具备远程操作功能。

3）电池管理系统的计算数值应具有掉电保持功能。

4）当发生单一器件失效时，电池管理系统应能维持安全状态。

5）锂离子电池的电池管理系统应具有对电池系统的保护功能，当电池系统发生过电压、欠电压、压差过大、过电流、过温、欠温、温差过大，以及绝缘、通信故障等时，应能对系统进行保护，并发出告警信号或跳闸指令，实施故障就地隔离。

6）液流电池管理系统应具有对液流电池系统的保护功能，当电池系统发生电压、流量、压力、温度、液位、pH值、气体浓度等参数过高或过低，以及通信中断、泄漏等故障时，应能对系统进行保护，并发出告警信号或跳闸指令，实施故障就地隔离或相关保护。

（13）电池管理系统应具有通信功能。

1）电池管理系统应具有与储能变流器、安防系统、温控系统、监控系统等设备进行信息交互的功能，通信协议应遵循相关规范要求。

2）电池管理系统应具有备用通信接口、数字量输入和输出的硬接点接口。

3）电池管理系统与储能变流器的通信，接口形式宜采用CAN或RS-485，宜支持CAN2.0B/Modbus-RTU通信协议，同时宜具备一个硬接点接口。

4）电池管理系统与监控系统宜采用以太网通信接口，宜支持Modbus TCP/IP或DL/T 860规定。

5）接受电网调度的储能系统中的电池管理系统协议应采用双网冗余设计。

（14）电池管理系统应具有故障诊断功能，能记录电池系统的故障信息，可根据故障信息完成相应的故障处理。

（15）电池管理系统应具备数据存储功能，存储的数据包括但不限于实时数据、历史信息、故障信息、配置数据、关键数据。

（16）电池管理系统应具有显示功能，应能显示电池储能系统运行所需的信息。

（17）电池管理系统应具有绝缘电阻检测功能，并支持与储能变流器的错时检测。

（18）电池管理系统应具备对时功能，能接受IRIG-B（DC）码对时或网络对时。

（19）电池管理系统应具备就地升级功能，宜具备远程升级功能，可根据权限设定实现软件升级。

（20）对于锂离子电池，单体电压检测误差应不超过±2%FS（满量程），且最大误差不超过±5mV，采样周期不大于100ms。

（21）对于锂离子电池，电池簇总电压检测误差应不超过 ±1%FS（总电压小于1000V）或不大于 ±0.5%FS（总电压不小于1000V），且最大误差不超过 ±5V，采样周期不大于100ms。

（22）对于液流电池，电堆电压检测误差应不大于 ±1%FS（电堆电压小于100V）或不大于 ±2%FS（电堆电压不小于100V）。

（23）对于锂离子电池，电池簇总电流检测误差应不超过 ±0.5%FS，且最大误差不超过 ±3A，采样周期不大于50ms。

（24）对于液流电池，电堆电流检测误差应不大于0.3A（电堆电流小于30A）和不大于 ±1%FS（电堆电流不小于30A）。

（25）对于锂离子电池储能系统，电池模块内温度采集通道数应不小于模块内电池单体电压采集的50%，宜与模块内电池单体电压采集数量相同，且在模块正、负极处必须有温度采集点；在 −20℃~65℃范围内温度检测误差应不超过 ±1℃，在 −40℃~−20℃和65℃~125℃范围内温度测量误差应不超过 ±2℃；采样周期应不大于5s。

（26）对于液流电池的储能系统，在 −40℃~80℃范围内温度检测误差应不大于 ±2℃；采样周期应不大于1s。

（27）对于液流电池储能系统，在 −40℃~80℃范围内压力检测误差应不大于 ±2%FS；采样周期应不大于1s。

（28）对于液流电池储能系统，在 −40℃~80℃范围内流量检测误差应不大于 ±5%FS；采样周期应不大于1s。

（29）对于液流电池储能系统，在 −40℃~80℃范围内液位检测误差应不大于 ±10%FS；采样周期应不大于1s。

（30）对于锂离子电池的储能系统，电池簇总电压（标称）不小于400V，绝缘电阻检测相对误差应不超过 ±20%；电池簇总电压（标称）小于400V，绝缘电阻检测相对误差不超过 ±30%。绝缘电阻大于1MΩ的负向误差应不大于20%，正向误差应不大于200%；绝缘电阻不大于50kΩ，检测误差应不超过 ±10kΩ。

（31）对于液流电池储能系统，绝缘电阻应不小于1MΩ。

（32）对于锂离子电池，SOC的估算误差应不超过 ±5%，电能量计算误差应不超过 ±3%；SOH的估算误差应不超过 ±8%，SOE的估算误差应不超过 ±8%（若有）。

（33）对于液流电池，SOC的估算误差应不超过 ±8%，电能量计算误差应不超过 ±3%。

（34）对于锂离子电池的储能系统，均衡后，可放电容量差异应不大于5%可用容量。

（35）对于锂离子电池，从检测参数达到设定值到电池管理系统发出命令的响应时间应不大于1s。

（36）对于液流电池，从检测到电池系统温度、压力、流量、液位等参数达到设定值到动作执行完成时间应不大于1s，电池泵频率及阀门开度从指令发送到完成执行不大于 10s。

（37）根据故障状态严重程度，电池管理系统的故障状态等级应至少由低到高由轻到重分为Ⅰ级、Ⅱ级、Ⅲ级三个等级，根据故障状态等级进行相应处理。

（38）电池管理系统在进行就地隔离故障源时，应能在故障报出 5s 内完成隔离动作。

（39）对于锂离子电池，故障状态Ⅰ级时，电池管理系统仅显示告警信息并上传；Ⅱ级时，电池管理系统显示告警信息并上传，且在 5s 内进行保护动作；Ⅲ级时，电池管理系统显示告警信息并上传，且在 100ms 内进行保护动作。

（40）对于液流电池，电池管理系统的任意故障等级告警信息都实时上传并显示。除此之外，液流电池管理系统在检测到故障等级为Ⅱ级时，应在 5s 内进行相关联动执行保护动作；故障等级Ⅲ级时，应在 100ms 内执行保护动作。

（41）电池管理系统的通信误码率应小于 3%；时钟误差不大于 1s；压强测试 5s 自恢复。

（42）采用 CAN 通信方式时，从主节点发出到收到对应的回复报文的响应时间不大于 50ms，丢包率不大于 0.5%。

（43）采用 RS-485 通信方式时，从主节点发出到收到对应的回复报文响应时间不大于 100ms，丢包率不大于 0.5%。

（44）采用以太网通信接口方式时，模拟量信息响应时间（从 I/O 输入端至数据通信网关机出口）不大于 2s，状态量变化响应时间（从 I/O 输入端至数据通信网关机出口）不大于 2s，遥控执行响应时间（从监控系统命令发出至 I/O 出口）不大于 2s，告警直传响应时间（从监控系统命令发出至 I/O 出口）不大于 1s，丢包率不大于 0.3%。

（45）电池管理系统应能在线存储不少于 180 天的信息，在充放电状态下存储周期不大于 10s，在静置状态下存储周期不大于 60s，宜采用队列方式存储。

（46）电池管理系统应能实时记录系统运行的数据信息，数据信息包括但不限于运行参数、告警信息、保护动作、充电和放电开始及结束时间、累计充放电电量等。

（47）电池管理系统宜有故障录波功能，能够对故障前后的状态量有效记录，电流量记录周期宜不大于 50ms，电压量记录周期不大于 1s，温度量记录周期不大于 5s，记录时间不宜少于 10min。

（48）电池管理系统不工作时，与电池系统相连的带电部件和其壳体之间的绝缘电阻值应不小于 10MΩ。电池管理系统工作时与电池系统相连的带电部件和其壳体之间的绝缘电阻值除以电池系统的最大工作电压，应不小于 1000Ω/V。

（49）电池管理系统进行绝缘耐压试验后应能正常工作，且各项参数应满足采集数据指标要求。

（50）电池管理系统应能在供电电源电压上限和下限时，持续运行 1h，且状态参数测量误差满足要求。

（51）电池管理系统寿命宜不小于 15 年，平均故障间隔时间宜不小于 100000h。

（52）电池管理系统在高温运行、低温运行试验中和试验后，耐湿热性能试验过程中和试验后以及耐盐雾试验后应能正常工作。

（53）电池管理系统在长时间过压试验、反向电压试验以及信号与负载回路短路试验后，应能够自动恢复到正常状态。

（54）电池管理系统应符合 GB/T 17626.2—2018《电磁兼容　试验和测量技术　静电放电抗扰度试验》规定的严酷等级为三级的静电放电抗扰度、GB/T 17626.4—2018《电磁兼容　试验和测量技术　电快速瞬变脉冲群抗扰度试验》规定的严酷等级为三级的电快速瞬变脉冲群抗扰度、GB/T 17626.5—2019《电磁兼容　试验和测量技术　浪涌（冲击）抗扰度试验》规定的严酷等级为三级的浪涌（冲击）抗扰度、GB/T 17626.8—2006《电磁兼容　试验和测量技术　工频磁场抗扰度试验》规定的严酷等级为四级的工频磁场抗扰度、GB/T 17626.12—2023《电磁兼容　试验和测量技术　第 12 部分：振铃波抗扰度试验》规定的严酷等级为三级的振荡波抗扰度试验的要求。

4. 储能变流器

（1）储能变流器应在下列环境条件下工作：

1）工作环境温度为 −20℃~45℃；当环境温度超过正常使用环境条件规定的最高值时（但最多不超过 15℃），为使储能变流器安全运行，按照 GB/T 3859.2—2013《半导体变流器　通用要求和电网换相变流器　第 1–2 部分：应用导则》规定使用。

2）空气相对湿度≤ 95%。

3）海拔≤ 1000m；海拔 ＞ 1000m 时，应按 GB/T 3859.2—2013 规定降额使用。

4）空气中应不含有过量的尘埃、酸、碱、腐蚀性及爆炸性微粒和气体。

5）无剧烈振动冲击，垂直倾斜度≤ 5°。

（2）储能变流器的结构和机柜本身的制造质量、主电路连接、二次线及电气元件安装等应符合下列要求。

1）储能变流器及机架组装有关零部件均应符合各自的技术要求。

2）油漆电镀应牢固、平整，无剥落、锈蚀及裂痕等现象。

3）机架面板应平整，文字和符号要求清楚、整齐、规范、正确。

4）标牌、标识、标记应完整清晰。

5）各种开关应便于操作，灵活可靠。

（3）储能变流器的交流侧电压等级（kV）优先采用以下系列：0.38(0.4)、0.66(0.69)、1（1.05）等。

（4）储能变流器的额定功率等级（kW）优先采用以下系列：30、50、100、200、250、500、630、750、1000、1500、2000 等。

（5）储能变流器应具有充放电功能、有功功率控制功能、无功功率调节功能和并离网切换功能。并离网切换功能只针对具备并网和离网两种运行模式的储能变流器。

（6）储能变流器应具备恒功率控制功能，能够按照计划曲线和下发指令方式连续运行。

（7）在额定运行条件下，储能变流器的整流效率和逆变效率均应不低于 94%。

（8）储能变流器的待机损耗应不超过额定功率的 0.5%，空载损耗应不超过额定功率的 0.8%。

（9）储能变流器交流侧电流在 110% 额定电流下，持续运行时间应不少于 10min；储能变流器交流侧电流在 120% 额定电流下，持续运行时间应不少于 1min。

（10）储能变流器在额定并网运行条件下，交流侧电流总谐波畸变率应满足 GB/T 14549—1993 的规定。

（11）储能变流器额定功率运行时，储能变流器交流侧电流中的直流电流分量应不超过其输出电流额定值的 0.5%。

（12）储能变流器输出大于其额定功率的 20% 时，功率控制精度应不超过 5%。

（13）并网运行模式下，不参与系统无功调节时，储能变流器输出大于其额定输出的 50% 时，平均功率因数应不小于 0.98（超前或滞后）。

（14）储能变流器在恒流工作状态下，输出电流的稳流精度应不超过 ±5%；电流纹波应不超过 5%。

（15）储能变流器在恒压工作状态下，输出电压的稳压精度应不超过 ±2%；电压纹波应不超过 2%。

（16）储能变流器频率响应按如下要求：

1）并入 380V 配电网的储能变流器，当接入点频率低于 49.5Hz 时，应停止充电；当接入点频率高于 50.2Hz 时，应停止向电网送电。

2）并入 10（6）kV 及以上电压等级的储能变流器应能具备一定的耐受系统频率异常的能力，应能按 GB/T 34120—2017《电化学储能系统储能变流器技术规范》要求运行。

（17）储能变流器应检测并网点的电压，在并网点电压异常时，应断开与电网的电气连接。电压异常范围及其对应的断开时间响应要求满足 GB/T 34120—2017 的规定。对电压支撑有特殊要求的储能变流器，其电压异常的响应可另行规定。

（18）通过 10（6）kV 及以上电压等级接入公用电网的电化学储能系统应具备高、低电压穿越能力，穿越能力应满足 GB/T 36558—2018《电力系统电化学储能系统通用技术条件》的规定。

（19）储能变流器直流侧保护应包括过电压保护、欠电压保护、过电流保护、输入反接保护、短路保护、接地保护等。

（20）储能变流器交流侧保护应包括过电压保护、欠电压保护、过频保护、欠频保护、交流相序反接保护、过电流保护、过载保护、过温保护、相位保护、直流分量超标保护、三相不平衡保护等。

（21）采用冷却系统的储能变流器应设置冷却系统故障保护。

（22）储能变流器应设置与监控系统、电池管理系统的通信故障保护。

（23）储能变流器宜具备 CAN/RS 485、以太网通信接口。其中，储能变流器与监控站级通信宜采用以太网通信接口，宜支持 MODBUS–TCP、DL/T 860，PROFIBUS–DP 通信协议；与电池管理系统通信宜采用 CAN/RS 485，宜支持 CAN2.0B，MODBUS–TCP 通信协议。

（24）并网运行模式下，储能变流器应具备快速检测孤岛且立即断开与电网连接的能力，防孤岛保护动作时间应不大于2s，且防孤岛保护还应与电网侧线路保护相配合。

（25）对于具备并离网切换功能的储能变流器，应在2s内按照设定条件转入离网运行模式，并建立频率和幅值稳定的交流电压，满足负载对有功功率和无功功率的要求。储能变流器只应用于离网运行模式时，不需要具备防孤岛保护功能。

（26）在正常试验大气条件下，储能变流器各独立电路与外露的可导电部分之间，以及与各独立电路之间的绝缘电阻应不小于1MΩ。

（27）在正常试验大气条件下，储能变流器应能承受频率为50Hz，历时1min的工频交流电压或等效直流电压，试验过程中要保证不击穿、不飞弧，漏电流小于20mA。

5. 监控系统

（1）监控系统应具备对储能系统内各种设备进行监视和控制的能力，以及接受远方调度的能力，且应符合电力系统二次系统安全防护规定。

（2）监控系统应根据储能系统的规模和应用需求等情况选择和配置软、硬件，具备可靠性、可用性、扩展性、开放性和安全性。

（3）监控系统应能接收并显示电池管理系统上传的单体电压、模块电压、电池组电压、电流、温度等；计算量包括SOC、SOH等。上送信息包括电压、电流、温度、SOC、可充电量、可放电量、各类保护动作、告警、异常等信息。液流电池还需上送泵、电解液罐、冷却系统等设备运行状态信息。

（4）监控系统应能接收并显示变流器上传的交直流侧电压、交直流侧电流、有功功率、无功功率、异常告警及故障等信息。

（5）监控系统应能实现对电站监视、测量、控制，宜具备遥测、遥信、遥调、遥控等远动功能。

（6）监控系统宜能够实现多个储能单元的协调控制并根据其功能定位实现削峰填谷、系统调频、无功支撑、电能质量治理、新能源功率平滑输出等控制策略。

（7）监控系统应具备对储能系统并网点的模拟量、状态量及相关数据进行采集、处理、显示、储存等功能，并能满足DL/T 5149—2020《变电站监控系统设计规程》的要求。

（8）监控系统宜具备对储能系统内的关键部件（如电池单体、电池模块、变流器等）的运行数据进行统计分析功能。

（9）监控系统宜具备与配电管理系统、调度自动化系统、营销自动化系统等互联功能，实现储能系统充放电功率、电量、运行状态等数据与信息的交互。

（10）监控系统必须具备与液流电池、超级电容器、飞轮储能等其他类型的储能监控系统通信接口，具备接入能力，并能够完成相关混合储能系统的协调控制功能。

（11）监控系统应具备与电网调度机构之间数据通信的能力，能够采集储能系统的运行数据并实时上传至电网调度机构，同时具备接收电网调度机构控制调节指令的能力，且符合电力二次系统安全防护规定。

（12）监控系统宜设置时钟同步系统，同步脉冲输出接口及数字接口应满足系统配置要求。

6. 继电保护及安全自动装置

（1）继电保护及安全自动装置配置应满足可靠性、选择性、灵敏性、速动性的要求，继电保护装置宜采用成熟可靠的微机保护装置。

（2）继电保护及安全自动装置功能应满足电力网络结构、电化学储能系统电气主接线的要求，并考虑电力系统和电化学储能系统运行方式的灵活性。

（3）继电保护和安全自动装置功能，应符合 GB/T 14285—2023、GB/T 50062—2008《电力装置的继电保护和自动装置设计规范》等有关规定。

（4）储能系统涉网保护的配置及整定应与电网侧保护相适应，与电网侧重合闸策略相协调。

（5）通过 380V 电压等级接入且功率小于 500kW 的储能系统，应具备低电压和过电流保护功能。

（6）通过 10（6）~35kV 电压等级专线方式接入的储能系统宜配置光纤电流差动保护或方向保护作为主保护，配置电流电压保护作为后备保护。

（7）升压变压器应按电压等级配置相应的变压器保护装置，应能反映被保护设备的各种故障及异常状态；升压变压器应配置过负荷保护，保护带时限动作于信号。

（8）接入 10（6）kV 及以上电压等级且功率为 500kW 及以上的储能系统，应配备故障录波设备，且应记录故障前 10s 到故障后 60s 的情况。

7. 直流及交流不停电电源系统

（1）电站应设置独立的站用直流系统，电站直流系统设计应符合现行行业标准 DL/T 5044—2014《电力工程直流电源系统设计技术规程》的规定。

（2）站用交流事故停电时间应按不小于 2.0h 计算。

（3）大、中型电化学储能电站直流系统宜采用 2 组蓄电池，接线宜采用二段单母线接线，二段直流母线之间宜设联络电器，蓄电池组应分别接于不同母线段。小型电化学储能电站站用直流系统宜采用 1 组蓄电池，接线可采用单母分段或单母线接线。

（4）电站宜设置交流不间断电源系统，并应满足计算机监控系统、消防等重要负荷供电的要求。交流不间断电源宜采用站用直流系统供电。

（5）变电及配电电气设备性能应满足电站各种运行方式的要求。

（6）变电及配电电气设备和导体选择应符合 GB 50060—2008《3~110kV 高压配电装置设计规范》、DL/T 5222—2021《导体和电器选择设计规范》的规定；对于 20kV 及以下电站还应满足 GB 50053—2013《20kV 及以下变电所设计规范》的规定。

8. 电能计量系统

（1）电化学储能电站接入电网前应明确计量点。电化学储能电站采用专线接入公用电网，电能计量点设在公共连接点。电化学储能电站采用 T 接方式接入公用线路，电能计量点设在电化学储能电站出线侧。

（2）电化学储能电站计量点应装设电能计量装置，具备双向有功和四象限无功计量功能，设备配置和技术要求应符合 DL/T 5202—2022《电能量计量系统设计规程》及 DL/T 448—2016《电能计量装置技术管理规程》的规定。

（3）电化学储能电站上网电量关口点应配置相同的两块表计，按主、副方式运行。

（4）电化学储能电站电能计量装置应具备本地通信和远程通信的功能，其通信协议应符合 DL/T 645—2007《多功能电能表通信协议》的规定。

9. 入网设计要求

（1）电化学储能电站接入电网设计应满足该储能电站和电网的安全稳定运行需要，并应符合 GB/T 31464—2022《电网运行准则》的相关规定。

（2）电化学储能电站接入电网设计，应保障储能电站在电能质量、有功功率控制、无功功率与电压调节、电网适应性、故障穿越能力、接地与安全标识等方面符合 GB/T 36547—2018 的规定。

（3）储能系统接入公共连接点的谐波电压应满足 GB/T 14549—1993 的要求，间谐波电压应满足 GB/T 24337—2009 的要求，电压偏差应满足 GB/T 12325—2008 的要求，电压波动和闪变值应满足 GB/T 12326—2008 的要求，电压不平衡度应满足 GB/T 15543—2008 的要求。

（4）电化学储能系统接入电网的电压等级应按照储能系统额定功率、接入点电网网架结构等条件确定，接入电压等级选取。

（5）电化学储能系统中性点接地方式应与其所接入电网的接地方式相适应。

（6）电化学储能系统接入电网应进行短路容量校核。

（7）电化学储能系统并网点处的电气设备应满足相应电压等级的电气设备绝缘耐压规定。

（8）电化学储能系统接入电网的测试点应为电化学储能系统并网点或公共连接点。并应在并网点设置易于操作、可闭锁、具有明显断开指示的并网断开装置。

（9）储能电站应具有自动同期功能，启动时应与接入点配电网的电压、频率和相位偏差在相关标准规定的范围内，不应引起电网电能质量超出规定范围。

（10）电化学储能系统启动和停机时间应满足并网调度协议[和（或）用户]的要求，且通过 10（6）kV 及以上电压等级接入公用电网的电化学储能系统应能执行电网调度机构的启动和停机指令。

10. 消防设计要求

（1）消防设计应贯彻"预防为主，防消结合"的方针，防治和减少火灾危害，保障人身和财产安全。

（2）消防设计应根据电站的不同规模、各类电池不同特性采取相应的消防措施，从全局出发，统筹兼顾，做到安全适用、技术先进、经济合理。

（3）站内各建、构筑物和设备的火灾危险分类及其最低耐火等级应符合 GB 51048—2014 的规定。

（4）储能系统的防火间距应根据其火灾危险性分类按 GB 50016—2014 有关厂房的防火间距规定执行。

（5）电化学储能电站的冷却系统采用风冷系统时，主要设备包括空调、风道及模组风扇等，风扇安装于模组正前方的位置。模组风扇将模组内电芯散出热量带出至预制舱风道，预制舱内的空调系统通过热对流的方式散热。

（6）电化学储能电站的冷却系统采用液冷系统时，主要包括制冷剂系统和防冻液系统，其中制冷剂系统为冷凝器、蒸发器、压缩机、储液罐、轴流风机；防冻液系统主要为水泵。电池模块底部安装有蜂窝状的液冷板，通过防冻液的循环流动，带走电池工作过程中产生的热量。

（7）储能电站电气设备间应设置火灾自动报警系统。新（改、扩）建中大型锂离子电池储能电站电池设备间内应设置固定自动灭火系统；自动灭火系统应具备远程自动启动和应急手动启动功能，自动灭火系统喷射强度、喷头布置间距等设计参数应符合 GB 51048—2014 的相关规定，灭火介质应具有良好的绝缘性和降温性能，自动灭火系统应满足扑灭火灾和持续抑制复燃的要求。

（8）锂离子电池室（舱）自动灭火系统的最小保护单元宜为电池模块，每个电池模块可单独配置灭火介质喷头或探火管。

（9）锂离子电池设备间内应设置可燃气体探测装置，当 H_2 或 CO 浓度大于设定的阈值时，应联动断开设备间级和簇级直流开断设备，联动启动事故通风系统和报警装置。可燃气体探测装置阈值的设定应满足相关标准的要求。通风系统应采用防爆型，启动时每分钟排风量不小于设备间容积（可按照扣除电池等设备体积后的净空间计算），合理设置进风口、排风口位置，保证上、下层不同密度可燃气体及时排出室外，严禁产生气流短路。正常运行时，通风系统应处于自动运行状态。

（10）全钒液流电池室内应设置可燃气体探测装置，联动启动通风系统和报警装置。通风系统的设计应符合 GB/T 34866—2017《全钒液流电池　安全要求》等技术标准的相关规定。

（11）每个预制舱消防系统相互独立，并满足下述要求：

1）预制舱式储能电站应设置消防给水系统，消防给水设计流量应按照需要同时作用的水灭火系统最大流量设计之和确定，电池预制舱应配置消防给水系统接口。

2）预制舱内应设置细水雾、气体等固定自动灭火系统，灭火系统类型、技术参数应经过国家储能用模块及磷酸铁锂实体火灾模拟试验验证。

3）预制舱式储能电站内电池预制舱与其他区域的火灾报警及其联动控制系统。火灾报警及其联动控制系统宜设置在消防设备舱（室）内，或设置在二次设备舱（室）。当设置在二次设备舱（室）时，消防控制设备区域宜与其他设备区域分开布置。

4）预制舱内的照明应采用防爆型照明灯具，不应在室内装设开关、熔断器和插座等可能产生火花的电器。

5）储能预制舱消防设备必须具有消防强制性产品认证证书（CCCF）或者国家级消

防质量检验中心出具的检验报告。

6）预制舱结构须采用高耐温钢板材质，地板铺设厚度约为 4~5mm 的绝缘地板，地板具有绝缘、防滑、阻燃等性能。

（12）电化学储能系统在以下环境条件应能正常使用。

1）环境温度为 0℃~40℃。

2）空气相对湿度：≤ 90%。

3）海拔 ≤ 2000m；当海拔 > 2000m 时，应选用适用于高海拔地区的设备。

（13）储能电站的设备间、隔墙、隔板等管线开孔部位和电缆进、出口应采用防火封堵材料封堵严密。设备间（舱）的通风口、孔洞、门、电缆沟等与室外相通部位应设置防止雨雪、风沙、小动物进入的设施。

11. 电气设备布置

（1）电气设备布置应结合接线方式、设备形式及电站总体布置综合确定。

（2）电气设备布置应符合 GB 50060—2008 的规定。对于 20kV 及以下电站布置还应符合 GB 50053—2013 的规定。

12. 站用电源及照明

（1）站用电源配置应根据电站的定位、重要性、可靠性要求等条件确定。大型电化学储能电站宜采用双回路供电；中、小型电化学储能电站可采用单回路供电。采用双回路供电时，宜互为备用。

（2）站用电的设计应符合 GB 50054—2011《低压配电设计规范》的规定。

（3）电气照明的设计应符合 GB 50034—2013《建筑照明设计标准》、GB 50582—2010《室外作业场地照明设计标准》和 DL/T 5390—2014《发电厂和变电站照明设计技术规定》的规定。

（4）照明设备安全性应符合 GB 19517—2023《国家电气设备安全技术规范》的规定；灯具与高压带电体间的安全距离应满足 DL 5009.3—2013《电力建设安全工作规程 第 3 部分：变电站》的要求。

（5）铅酸、液流电池室内的照明应采用防爆型照明灯具，不应在室内装设开关、熔断器和插座等可能产生火花的电器。

13. 过电压保护、绝缘配合及防雷接地

（1）过电压保护和绝缘配合设计应符合 GB 16935.1—2023《低压系统内设备的绝缘配合 第 1 部分：原理、要求和试验》、GB/T 21697—2022《低压配电线路和电子系统中雷电过电压的绝缘配合》和 DL/T 620—1997《交流电气装置的过电压保护和绝缘配合》的规定。

（2）建筑物防雷设计应符合 GB 50057—2010《建筑物防雷设计规范》的规定。

（3）接地设计应符合 GB/T 50065—2011《交流电气装置的接地设计规范》的规定。

14. 电缆选择与敷设

（1）电缆选择与敷设应符合 GB 50217—2018《电力工程电缆设计规范》的规定。

（2）液流电池下方不宜敷设电缆，电池系统的电缆进、出线宜由上端引出，宜采用电缆桥架敷设。

15. 二次设备布置

（1）二次设备布置应根据电站的运行管理模式及特点确定，可分别设主控制室和继电器室。

（2）主控制室的位置应按便于巡视和观察配电装置、节省控制电缆、噪声干扰小和有较好的朝向等因素选择。

（3）主控制室宜按最终建设规模在电站的第一期工程中一次建成。

（4）继电器室布置应满足设备布置和巡视维护的要求，并应留有备用屏位。屏、柜的布置宜与配电装置的间隔排列次序对应。

（5）主控制室及继电器室的设计和布置应符合监控系统、继电保护设备的抗电磁干扰能力要求。

16. 站用直流系统及交流不间断电源系统

（1）电站应设置站用直流系统，宜与通信电源整合为一体化电源。

（2）电站直流系统设计应符合 DL/T 5044—2014《电力工程直流电源系统设计技术规程》的规定。

（3）站用交流事故停电时间应按不小于 2.0h 计算。

（4）大、中型电化学储能电站直流系统宜采用 2 组蓄电池，接线宜采用二段单母线接线，二段直流母线之间宜设联络电器，蓄电池组应分别接于不同母线段。小型电化学储能电站站用直流系统宜采用 1 组蓄电池，接线可采用单母分段或单母线接线。

（5）电站宜设置交流不间断电源系统，并应满足计算机监控系统、消防等重要负荷供电的要求。交流不间断电源宜采用站用直流系统供电。

17. 视频安全监控系统

（1）视频安全监控系统的配置应根据电站规模、重要等级以及安全管理要求确定。大、中型电化学储能电站宜设置视频安全监控系统，小型电化学储能电站可设置视频安全监控系统。

（2）视频安全监控系统应按有人、无人值班管理要求布置摄像监视点，应实现对功率变换系统、电池、一次设备、二次设备、站内环境等进行监视。

（3）视频安全监控系统应与站内监控系统通信，并可通过专用数字通道实现远方遥视和监控。

（4）视频安全监控系统宜能够接受站内时钟同步系统对时，且应保证系统时间的一致性。

18. 环境保护和水土保持

（1）站址选择应符合环境保护、水土保持和生态环境保护的有关法律法规的要求。

（2）电站的设计应对废水、噪声等污染因子采取防治措施，减少其对周围环境的影响。

（3）电站噪声对周围环境的影响应符合 GB 12348—2008《工业企业厂界环境噪声排放标准》和 GB 3096—2008《声环境质量标准》的规定。

（4）电站的电磁防护设计应符合 GB 8702—2014《电磁环境控制限值》的规定。

（5）电站的废水、污水应分类收集、输送和处理；对外排放的水质应符合 GB 8978—1996《污水综合排放标准》的规定；向水体排水应符合受纳水体的水域功能及纳污能力条件的要求，防止排水污染受纳水体。

（6）电站的生活污水应处理达标后复用或排放。位于城市的电站的生活污水可排入城市污水系统，其水质应符合 GB/T 31962—2015《污水排入城镇下水道水质标准》的有关规定。

（7）电站中电池的电解液若发生意外泄漏，不应直接外排，应回收或处理达标后向外排放。

（8）电池寿命到期后，应由原生产厂家或相关资质的机构等进行回收处理。

（9）电站的选址、设计和建设应符合水土保持规定，对可能产生水土流失的，应采取防治措施。

（10）电站的水土保持应结合工程设计采取临时弃土的防护、挡土墙、护坡设计及风沙区的防沙固沙等工程措施。

19. 劳动安全和职业卫生

（1）电站的设计应执行国家规定的有关劳动安全和职业卫生的法律、法规、标准及规定，并应贯彻执行"安全第一，预防为主"的方针。

（2）劳动安全和职业卫生的设计应符合国家现行相关标准的规定。

（3）电站的生产场所和附属建筑、生活建筑和易燃、易爆的危险场所，以及地下建筑物的防火分区、防火隔断、防火间距、安全疏散和消防通道的设计，应符合 GB 50016—2014 的规定。

（4）电站的安全疏散设施应有充足的照明和明显的疏散指示标识。

（5）有爆炸危险的设备及设备室应有防爆保护措施。防爆设计应符合 GB 50058—2014《爆炸危险环境电力装置设计规范》等的规定。

（6）电站应采取隔离防护措施防止电灼伤、雷击、误操作等。电池及其他电气设备的布置应满足带电设备的安全防护距离要求。

（7）防机械伤害和防坠落伤害的设计应符合 GB 5083—1999《生产设备安全卫生设计总则》、GB/T 8196—2018《机械安全 防护装置 固定式和活动式防护装置设计与制造一般要求》等的规定。

（8）液流电池室应采取措施防止酸性电解液对人身可能造成的伤害。电池室内可设置冲洗池、洗眼器等设施。

（9）在建筑物内部配置防毒及防化学伤害的灭火器时，应有安全防护设施。

（10）抗震设防烈度大于或等于 7 度的地区，电池设备及其支承构件应设置抗震加固设施。

第五章

储能电站安装调试监督

储能电站调试分为分系统调试和联合调试两个阶段，分系统调试完成后方可进行联合调试。储能电站调试应注意以下几点：

（1）储能电站调试应制定调试大纲、调试方案和应急预案。

（2）储能电站涉网调试方案应经调度机构批准。涉网项目调试前应向调度机构提出申请，经批准后实施。

（3）调试人员应熟悉储能电站设备工作原理及结构、调试工序、调试质量标准和安全工作规程，掌握必要的机械、电气、检测、安全防护知识，具备正确使用工器具、仪器仪表和安全防护设备的技能。

（4）储能电站调试所用工器具和仪器仪表应检验校准合格，并在有效期内。

（5）储能电站调试工作应完整保存调试记录，编制调试报告。

第一节　分系统调试

储能电站分系统调试包括储能系统、监控系统、继电保护及安全自动装置、通信与调度自动化系统等调试。储能电站分系统调试前应具备下列条件：

（1）设备安装完毕，接线正确、接头牢靠、各模块功能正常，外观良好，编号和标识等清晰正确，规格型号符合设计要求。

（2）设备的型式试验报告、出厂试验报告、技术说明书、图纸和备品备件齐备。

（3）汇集线路空充完毕，升压变压器、变流器柜、汇流柜、电池柜应与接地网导通良好。

（4）现场临时供电设备的电压、频率和容量符合调试要求。

储能电站用电源调试应符合 GB 50054—2011《低压配电设计规范》的规定，照明装置调试应符合 GB 50582—2010《室外作业场地照明设计标准》、GB 50034—2013《建筑照明设计标准》的规定，站用直流系统调试应符合 DL/T 5044—2014《电力工程直流电源系统设计技术规范》的规定，交流不间断电源的事故放电时间应不小于 2.0h。

变配电系统二次设备调试应符合 GB 50171—2012《电气装置安装工程　盘、柜及二次回路接线施工及验收规范》、GB 50172—2012《电气装置安装工程　蓄电池施工及验收规范》、GB 50254—2014《电气装置安装工程　低压电器施工及验收规范》、GB/T 26862—2011《电力系统同步相量测量装置检测规范》、DL/T 553—2013《电力系统动态记录装置通用技术条件》、DL/T 687—2010《微机型防止电气误操作系统通用技术条件》、DL/T 995—2016《继电保护和电网安全自动装置检验规程》、DL/T 1101—2009《35kV~110kV 变电站自动化系统验收规范》的相关规定。

（5）变配电系统一次设备调试应符合 GB 50147—2010《电气装置安装工程高压电器施工及验收规范》、GB 50148—2010《电气装置安装工程　电力变压器、油浸电抗器、互感器施工及验收规范》、GB 50149—2010《电气装置安装工程　母线装置施工及验收规范》、GB 50150—2016《电气装置安装工程　电气设备交接试验标准》、GB 50168—2018《电气装置安装工程　电缆线路施工及验收标准》、GB 50233—2014《110kV~750kV 架空输电线路施工及验收规范》、GB/T 20297—2006《静止无功补偿装置（SVC）现场试验》、DL/T 618—2022《气体绝缘金属封闭开关设备现场交接试验规程》、DL/T 1215.4—2013《链式静止同步补偿器　第 4 部分：现场试验》的相关规定。

储能电站厂房内供暖通风与空气调节系统、消防系统、给排水系统应符合 GB 51048—2014《电化学储能电站设计规范》的规定，视频及环境监控系统调试应符合 GB 50395—2007《视频安防监控系统工程设计规范》的规定。

1. 锂离子电池、铅酸（炭）电池、钠离子电池阵列调试

（1）锂离子电池、铅酸（炭）电池、钠离子电池阵列调试应具备以下条件：

1）电池单体、电池模块和电池簇应无变形及裂纹，表面应干燥、平整无毛刺、无外伤，且标识清晰、正确；电池模块排列整齐、连接可靠；电池簇相关的设备、零部件及辅助设施外观应无变形及裂纹；电池支架应无变形、锈蚀；电缆连接正确、无破损。

2）电池单体、电池模块端子极性标识应正确、清晰，极性与标识一致。

3）电池架、电池柜应可靠接地。

（2）绝缘电阻测试绝缘电阻测试按以下步骤进行。

1）将电池簇的正极和负极与外部装置断开，并将不能承受绝缘电压试验的元件短接或拆除。

2）分别检测电池簇正极与外部裸露可导电部分之间、电池簇负极与外部裸露可导电部分之间的绝缘电阻，测试方法和技术要求应符合 GB/T 34131—2023 的规定。

3）恢复电池簇正、负极与外部装置连接、短接或拆除的元件。

2. 冷却系统调试

冷却系统调试按以下步骤进行：

（1）对于采用风冷的电池模块，改变制冷、制热温度设定值，散热风扇的应正常启停。

（2）对于采用液冷的电池模块，改变制冷、制热温度设定值，泵启停功能应正常，密封、温控范围应符合相关技术要求。

3. 电池管理系统调试

（1）绝缘电阻测试应按以下步骤进行：

1）断开电池管理系统与外部连接，将不能承受绝缘电压试验的元件短接或拆除。

2）分别检测电池管理系统与电池相连的采集端子和接地端子之间、通信端子与接地端子之间、采集端子和通信端子之间、供电端子与通信端子之间的绝缘电阻，测试方法和技术要求应符合 GB/T 34131—2023 的规定。

3）恢复电池管理系统与外部连接、短接或拆除的元件。

（2）供电电源检查。给电池管理系统供电电源断路器一次侧送电，测试电源电压应符合设计要求。

（3）通信功能调试。电池管理系统上电启动，检查显示功能应正常。

通过信号发生装置发送并接收报文 ID 或相关指令，监测串口和网口报文，通信接口和通信协议应满足相关技术要求。电池管理系统与监控系统、储能变流器、其他管理层级电池管理系统、消防系统、供暖通风与空气调节系统等设备通信功能应正常。

（4）控制功能校验。电池管理系统上电启动，通过信号发生装置模拟下发所有控制端口的闭合和断开指令，检查所有控制端口的闭合和断开状态应与指令一致。

（5）采集功能校验。电池管理系统上电启动，通过检查充放电过程中电池管理系统采集的电池单体电压，电池单体温度，电池模块正、负极端子温度，电池簇电压，电池簇电流等参数，显示应正常，精度应满足 GB/T 34131—2023 的要求。

（6）温度测量点数校验。电池管理系统上电启动，通过检查充放电过程中电池管理系统采集的电池簇、电池阵列温度测量点数应符合技术要求。

（7）电压一致性检验。电池管理系统上电启动，通过检查充放电过程中电池管理系统采集的电池单体电压、电池簇电压值，电压一致性应符合技术要求。

（8）报警和保护功能调试。通过改变报警阈值和保护定值对电池管理系统的报警和保护功能进行调试，应满足以下要求：

1）电池管理系统保护定值设置应与保护定值单一致。

2）电池管理系统在设备状态异常或故障时保护动作应正确、报警信号正常并上传，报警内容、保护动作逻辑和动作时限应符合 GB/T 34131—2023 的规定。

3）对于配置软、硬出口节点的电池管理系统，当保护动作时，应能发出报警（跳闸）信号，并对故障前后的状态量有效记录，电流量、电压量、温度量记录周期和记录时间符合 GB/T 34131—2023 的规定。

4. 液流电池阵列调试

（1）液流电池阵列调试应具备以下条件：

1）电池阵列管路施工、设备安装、电解液罐装已完成并验收合格。

2）电池阵列外部所有电气及通信等线缆接线施工已完成并验收合格。

3）电池阵列中管路、阀门、电堆、电气设备等外观无变形、断裂，且标识清晰、正确。

4）储能变流器处于停止状态，电池阵列中管路、阀门、电气元件等连接已完成并验收合格。

（2）绝缘电阻测试。绝缘电阻测试应按以下步骤进行：

1）将电池阵列的正极和负极与外部装置断开，并将不能承受绝缘电压试验的元件短接或拆除。

2）分别测试电池阵列正极和负极对地的绝缘电阻，测试结果均应符合 GB/T 32509—2016。

3）恢复电池阵列的正极和负极与外部装置的连接、短接或拆除的元件。

（3）电池管理系统调试。对液流电池管理系统绝缘电阻检测、通电前检查和通信功能调试。

（4）控制功能校验。通过下发控制指令，检查电动阀门、泵、接触器等应正常，各状态参数反馈数值应符合设计要求。

（5）采集功能校验。检查电池管理系统采集的电堆电压、电堆电流、电解液温度、电解液压力、电解液流量、电解液液位状态、泵电流、泵频率和阀门状态等参数，显示应正常，精度应满足 GB/T 34131—2023 的要求。

（6）电压一致性检验。检查电池管理系统采集的电池堆电压值，电压一致性应符合技术要求。

（7）报警和保护功能调试。对液流电池管理系统报警和保护功能调试。液流电池管理系统的报警内容应包含电压越限、电压偏差越限、电流越限、温度越限、流量越限、压力越限、液位越限、漏液故障、通信异常等。

5. 电解液循环系统调试

电解液循环系统调试应按以下步骤进行：

（1）电解液循环系统运行调试前应检查所有电动阀门和手动阀门位置及开关状态正确，电解液已灌装完成。电池管理系统无报警信息，电池阵列处于可运行状态，储能变流器处于停止状态。

（2）同时给定正、负极电解液循环泵可运行的最低频率或转速，并下发运行指令，正、负极循环泵应正常工作，无异响、无剧烈振动，交流循环泵运行正常。系统管路、阀门、电堆应无渗漏液，电池阵列流量、压力、温度、泵电流、泵频率检测值应符合相关技术要求，电池管理系统无报警信息。

（3）对于循环泵采用频率、转速可调设计的，通过电池管理系统逐次增加电解液循环泵频率或转速至设计所允许的最高值，循环泵应正常响应。

（4）将电解液循环泵频率或转速降至电解液循环泵可运行的最低频率或转速，下发停止指令，循环泵应停止工作，电池管理系统应无报警信息。

6. 换热系统调试

（1）对于采用风冷的电池阵列，改变制冷温度设定值，制冷设备应正常启停。

（2）对于采用液冷的电池阵列，改变制冷温度设定值，制冷设备的循环泵启停功能应正常，冷媒管路压力、温度范围应符合技术要求。

（3）对于配备制热设备的电池阵列，改变制热温度设定值，制热设备应正常启停。

7. 储能变流器调试

（1）储能变流器调试应具备以下条件：

1）储能变流器直流侧、交流侧和接地线缆均已连接牢固。

2）储能变流器交、直流侧各接线排的接线极性（相序）应正确。

3）直流电压和交流电压应在储能变流器的正常工作范围内。

4）储能变流器断路器、接触器应正常动作。

（2）绝缘电阻。在正常试验大气条件下，分别测试储能变流器各独立电路与外露的可导电部分之间，以及与各独立电路之间的绝缘电阻，测试方法及技术要求应符合 GB/T 34120—2017 的规定。

（3）储能变流器通信功能调试应按以下步骤进行：

1）将储能变流器通信接口连接至通信调试终端。

2）启动储能变流器，检查各指示灯、仪表应正常指示和显示。

3）通过通信调试终端设置储能变流器为就地控制模式，读取电池管理系统电池单体、电池模块、电池簇状态信息应正常。

4）断开储能变流器和电池管理系统通信连接，储能变流器应在通信调试终端报警通信故障。

5）恢复储能变流器和电池管理系统通信连接，储能变流器应清除报警。

（4）启停机功能调试应按照以下步骤进行：

1）启动储能变流器，通过就地启停机开关进行启机操作，储能变流器应正常启机。

2）通过就地启停机开关进行停机操作，储能变流器应正常停机。

3）重新启动储能变流器，按下急停按钮，储能变流器交、直流侧开关应断开。

4）清除紧急停机并恢复储能变流器至待机状态。

（5）并网模式切换功能调试应按照以下步骤进行：

1）启动储能变流器，设置储能变流器为并网模式，读取储能变流器的运行模式和保护定值，应符合并网模式要求。

2）下发启机指令，储能变流器应正常启机。

3）在并网模式下设置储能变流器为离网模式，读取储能变流器的运行模式和保护定值，应符合离网模式要求。

4）测量离网端口电压，应与显示离网端口电压一致。

（6）故障后重新并网功能调试应按照以下步骤进行：

1）将储能系统与模拟电网装置（公共电网）相连，所有参数调至正常工作条件，连续运行 5min。

2）断开储能系统与模拟电网装置（公共电网）的并网开关，5s 后合上并网开关。

3）对于接入 220V/380V 电压等级电网的储能系统，合上并网开关 20s 内应不重新并网；接入 10~35kV 电压等级电网的储能系统，在接到调度指令之前应不重新并网，重复试验 3 次。

（7）故障保护功能调试应按照以下步骤进行：

1）启动储能变流器，分别模拟储能变流器短路、极性反接、直流过电压及欠电压、离网过电流、过温、通信、冷却系统异常等故障，储能变流器保护动作应正确。

2）清除故障，重新启动储能变流器。

3）调整储能变流器运行至并网模式，断开储能变流器与电网侧电源，储能变流器应进行防孤岛保护。

（8）充、放电功能调试应按照以下步骤进行：

1）启动储能变流器，设置储能变流器为并网模式。

2）设置储能变流器为充电模式并设定任意充电功率，测量储能变流器直流侧功率，应与通信调试终端读取的直流侧功率一致。

3）设置储能变流器为放电模式并设定任意放电功率，测量储能变流器交流侧功率，应与通信调试终端读取的交流侧功率一致。

（9）有功、无功控制功能调试应按照以下步骤进行：

1）启动储能变流器，设置储能变流器为并网模式。

2）设置储能变流器为放电模式并设定有功功率，有功功率值和持续时间应满足 GB/T 34133—2017《储能变流器检测技术规程》的要求。

3）测量储能变流器交流侧有功功率，应与通信调试终端读取的交流侧有功功率一致。

4）设置储能变流器为放电模式并设定无功功率，无功功率值和持续时间应满足 GB/T 34133—2017 的要求。

5）测量储能变流器交流侧无功功率，应与通信调试终端读取的交流侧无功功率一致。

（10）故障电压穿越功能调试应按照以下步骤进行：

1）检查储能变流器的参数设定，确认已启用低电压穿越功能，低电压穿越电压和时间设置应满足 GB/T 36547—2018 规定的低电压穿越曲线。

2）检查储能变流器的参数设定，确认已启用高电压穿越功能，高电压穿越电压和时间设置应满足 GB/T 36547—2018 规定的高电压穿越曲线。

3）启动储能变流器，通过模拟信号模拟低电压穿越和高电压穿越故障，储能变流器并（离）网状态、故障穿越功能应符合 GB/T 36547—2018 的规定，且报警和保护应正常。

（11）电网适应性调试应按照以下步骤进行：

1）检查储能变流器的参数设定，确认已启用电网适应性功能。

2）启动储能变流器，通过模拟信号模拟频率波动和电压波动，频率和电压波动幅值和时间应符合 GB/T 34133—2017 的要求，储能变流器并（离）网状态、电网适应性功能应符合 GB/T 34133—2017 的规定，且报警和保护应正常。

8. 监控系统调试

（1）监控系统调试应具备以下条件：

1）机柜、工程师站、操作员站、历史数据站、通信电缆等设备安装完毕，接地良好。

2）供暖通风系统正式投入使用，主控室、计算机室的温度、湿度符合要求，无严重的粉尘污染。

3）监控系统数据库的建立与维护功能、电源电压稳定度、人机界面设计与操作功能、通信接口及协议、时间同步系统对时误差应符合技术规范的规定。

（2）接地电阻测试应按照以下步骤进行：

1）控制柜所控制的系统（设备）停运。

2）逐项测试监控系统各个盘柜、信号和电缆屏蔽层对地电阻。监控系统盘柜接地电阻、各盘柜的交流地与直流地之间的电阻应符合监控系统技术规范的规定。

3）断开屏、柜所有接地线，测量柜内信号地、保护地、屏蔽地等任意两地间电阻，应符合监控系统技术规范的规定。

（3）通信功能完整性检查应按照以下步骤进行：

1）触发模拟信号发生器的输出模拟量变化，启动监控系统数据采集及通信进程，检查监控系统与电池管理系统、储能变流器、测控装置、协调控制器等现地层设备的双向通信报文应一致。

2）储能电站设备状态显示应完整正确，设备遥测量、遥信量传送正确，实时性符合设计和 DL/T 5149—2020 的规定。

3）监控系统可远方操作设备遥控功能和远方调节设备遥调功能，并应可靠正确。

4）无功补偿装置投入（退出）遥控指令、无功（电压）遥调指令应正确执行。

（4）站内通信调试应按照以下步骤进行：

1）启动监控系统数据采集及通信进程，检查监控系统与电池管理系统、储能变流器、测控装置、协调控制器、站内远动装置等现地层设备通信状态应正常。

2）选择现地层设备其中一个，使用模拟装置通过监控系统发送下行信息。

3）检查现地层设备接受到的信息报文应与发送的下行信息报文一致。

4）依次对其他现地层设备重复步骤 2）和步骤 3）。

5）选择现地层设备其中一个，使用模拟装置向监控系统发送上行信息。

6）检查监控系统接受到的信息报文应与发送的上行信息报文一致。

7）依次对其他现地层设备重复步骤步骤 5）和步骤 6）。

（5）通信故障报警功能调试应按照以下步骤进行：

1）启动监控系统数据采集及通信进程，检查监控系统与电池管理系统、储能变流器、测控装置、协调控制器、站内远动装置等现地层设备通信应正常。

2）选择现地层设备其中一个，拔掉与监控系统之间的通信连接线，查看报警窗口应有通信故障一级报警信息。

3）恢复连接通信连接线，查看报警窗口应有通信恢复事件信息。

4）依次对其他现地层设备重复步骤2）和步骤3），完成所有现地层设备与监控系统之间的通信故障报警功能调试。

（6）通信网络冗余调试应按照以下步骤进行：

1）监控系统与任一系统通信异常应不影响系统中其他通信链路的数据交互。

2）切断任意节点上一条通信总线，相应节点的控制系统工作应正常。

3）切断通信总线模件的电源或拔掉通信总线的插头，各通信系统工作应正常、无异常报警。

（7）权限设置检查权限设置检查应按照以下步骤进行：

1）检查各操作员站、工程师站和其他功能站的用户权限设置，应符合安全要求。

2）检查各网络接口站或网关的用户权限设置，应符合安全要求。

3）检查各网络接口站或网关的端口服务设置，不使用的端口服务应关闭。

（8）使用模拟信号发生器触发电压、电流、温度等模拟量变化，通过监控系统实时查看，应满足以下要求：

1）响应数据变化量与模拟信号发生器发出信号应一致。

2）模拟量信息响应时间（从 I/O 输入端至站控层显示屏）≤ 2s。

3）电压、电流采集误差 < 0.2%，功率采集误差 < 0.5%，频率采集误差不超过 ±0.05Hz。

4）模拟量越死区传送整定最小值 < 0.1% 额定值。

（9）数字量采集及处理功能测试。使用开断模拟装置模拟触发保护动作信号、断路器分合等开关量变化，通过监控系统告警列表或实时查看数字量变化值，应与开断模拟装置模拟值一致，状态量信息响应时间应不大于 1s。

（10）数据质量处理测试应按照以下步骤进行：

1）打开实时库管理工具查看所有模拟量和开关量的数据质量码。

2）设置数据的"人工置数"状态显示颜色为某特定颜色。

3）选择图形画面上显示的任意数据进行人工置数。

4）被人工置数的模拟量在图形画面上显示颜色应正确。

（11）报警功能调试应按照以下步骤进行：

1）通过电池管理系统、储能变流器、保护测控装置或模拟信号发生器产生开关变位、设备启停、工况投退等告警事件。

2）监控系统画面应显示告警条文和画面，并发出声光告警。告警事件记录应包含告警设备对象、产生时间、告警描述、告警对象当前状态、告警确认状态等信息。

3）停止告警模拟信号发送，通过监控界面对历史告警信息进行确认，告警对象的声光告警状态应消失。

4）检查历史事件功能，告警事件可按告警等级、设备或数据对象，发生时间、告警事件类型、关键字等条件进行检索。

5）发生告警时，电池管理系统、储能变流器等设备的保护动作应正确。

6）通过电池管理系统、储能变流器、保护测控装置或模拟信号发生器产生运行状态异常、模拟量越限或突变、通信异常等告警事件，重复步骤2）和步骤3）。

7）通过模拟信号发生器产生储能系统模拟量越限、断路器跳闸、保护及安全自动装置出口信号、通信故障等告警事件，重复步骤2）和步骤3）。

（12）计算与统计功能调试应按照以下步骤进行：

1）在监控系统数据库中预先存储一段时间的系统运行数据。

2）在公式编辑界面编辑公式，分别测试加、减、乘、除、三角、对数、绝对值、日期时间等常用算术、函数运算及逻辑与条件判断运算，运算结果应正确。

3）统计计算该时段充电量、放电量、累计运行时长、最值等数值，统计计算结果应正确。

（13）开关控制设备调试应按照以下步骤进行：

1）在监控系统控制界面中选择一个可控开关设备，对该设备分别下发开、关指令。

2）在就地核实设备实际动作状况，应正确执行开、关指令。

3）检查监控系统中该设备的状态反馈，应与就地实际显示状态一致。

4）依次对其他可控开关设备重复步骤1）~步骤3），完成所有可控开关设备调试。

（14）开关控制设备调试应按照以下步骤进行：

1）在监控系统控制界面中选择一个调节控制设备，对该设备依次下发0%、0~100%满量程之间的3个指令信号、100%满量程指令信号，分别以正、反向置入进行调节操作。

2）在就地核实设备实际动作状况，应正确执行调节操作指令。

3）检查监控系统中该设备的状态反馈，应与就地实际显示值一致。

4）依次对其他可控开关设备重复步骤1）~步骤3），完成所有调节控制设备调试。

（15）自动发电控制（AGC）功能调试应按照以下步骤进行：

1）将监控系统的储能电站控制层级设置为"调度控制级"、AGC控制模式设置为"自动控制"方式。

2）将监控系统AGC功率下发模式设置为"定值设置"模式。

3）从上级调度系统模拟装置下发有功设定值。

4）校验监控系统中储能系统的有功功率的输出值，应与调度下发定值一致，调整监控系统AGC储能系统状态、储能系统优先级、有功功率分配策略等。

5）校验监控系统中储能系统的有功功率的输出值，应与调度下发定值一致，各储能系统功率分配应正确。

6）将监控系统AGC功率下发模式切换至"计划曲线"方式。

7）从上级调度系统模拟装置下发有功功率计划曲线。

8）校验监控系统中有功功率的输出值，应与下发的计划曲线一致。

（16）自动电压控制（AVC）功能调试应按照以下步骤进行：

1）将监控系统的储能电站控制层级设置为"调度控制级"、AVC运行模式设置为"自动控制"方式。

2）将监控系统AVC功率下发模式设置为"定值设置"模式。

3）从上级调度系统模拟装置下发无功设定值或者电压设定值。

4）校验监控系统中有功功率的输出值，应与调度下发定值一致。

5）调整监控系统AGC储能系统状态、储能系统优先级、无功功率分配策略等。

6）校验监控系统中储能系统的无功功率的输出值，应与调度下发定值一致，各储能系统功率分配应正确。

7）将监控系统AVC功率下发模式切换至"计划曲线"方式。

8）从上级调度系统模拟装置下发电压计划曲线，监控系统中无功功率的输出值应正常。

（17）功率调节功能调试应按照以下步骤进行：

1）通过监控操作界面对储能变流器或协调控制器进行充、放电功率设置或计划值。

2）检查电池管理系统模拟器，应按照设定值或计划值执行充、放电。

（18）AGC与一次调频协调策略调试应按照以下步骤进行：

1）检查确认一次调频装置的功能和逻辑正确。

2）通过模拟电网频率扰动，同时AGC系统转发调度端AGC指令至一次调频装置，检验储能电站有功功率的控制目标应为调度端AGC有功指令值与一次调频响应调节量的代数和。

3）一次调频与调度AGC有功功率指令方向相反时，闭锁功能应正确动作。

（19）模拟接收并下达电站调度指令调试应按照以下步骤进行：

1）储能单元监控系统投入自动调控模式。

2）通过电站监控系统给储能协调控制器下发50%额定充电功率指令，检查储能单元能量管理系统信息与电站监控系统信息一致，且指令下达与数据信息上传正常，满足精度要求。

3）通过电站监控系统给储能协调控制器下发20%额定放电功率指令，检查储能单元能量管理系统信息与电站监控系统信息一致，且指令下达与数据信息上传正常，满足精度要求。

9.运行模式校验

（1）调峰模式调试应按照以下步骤进行：

1）依次断开参与调试的所有储能电池与储能变流器之间的直流开关、储能变流器并网开关。

2）切换储能变流器的控制模式为远程控制。

3）模拟储能电站运行在并网方式，将监控系统的运行模式调整至调峰模式，进行调峰模式下升功率试验。

4）分别以小幅度、大幅度改变功率设定值，检查监控系统分配至各储能变流器的功率指令应正确。

5）重复步骤3）、步骤4）进行调峰模式降功率试验。

（2）调频模式调试应按照以下步骤进行：

1）依次断开参与调试的所有储能电池与储能变流器之间的直流开关、储能变流器并网开关，切换储能变流器的控制模式为远程控制。

2）模拟储能电站运行在并网方式，将监控系统的运行模式调整至调频模式，进行调频模式单向升、降功率试验。

3）调整模拟频率信号在调频死区范围内变化，储能电站输出功率应无变化。

4）调整模拟频率信号在调频死区范围外变化，储能电站应调整至放电、充电模式。

5）进行调频模式双向升、降功率试验，将模拟频率信号由49.9Hz调整为50.05Hz（或由50.05Hz调整为49.9Hz），储能电站由放电模式切换为充电模式（或由充电模式切换为放电模式）。

（3）紧急功率支撑模式调试应按照以下步骤进行：

1）依次断开参与调试的所有储能电池与储能变流器之间的直流开关、储能变流器并网开关。

2）切换储能变流器的控制模式为远程控制，通过监控系统下发最大充电指令。

3）模拟储能电站运行在并网方式，设定功率为可调有功功率上限，模拟稳控装置或调度指令发出紧急功率支撑升功率信号至储能变流器，进行升功率调试。

4）通过监控系统查看储能变流器功率指令变为阶跃式上升，储能变流器充放电指令的反转时间应不大于100ms。

5）恢复紧急功率支撑升功率信号为正常状态，查看储能变流器功率指令恢复至起始状态；通过监控系统下发最大放电指令。

6）设定功率为可调有功功率下限，模拟稳控装置或调度指令发出紧急功率支撑降功率信号至储能变流器，进行降功率调试。

7）通过监控系统查看储能变流器功率指令变为阶跃式下降，储能变流器放充电指令的反转时间应不大于100ms；恢复紧急功率支撑降功率信号为正常状态，查看储能变流器功率指令恢复至起始状态。

（4）电压控制模式调试应按照以下步骤进行：

1）模拟储能电站运行在并网方式，下发电压目标值指令，查看监控系统分配无功至储能变流器情况。

2）由模拟客户端下发无功目标值指令，查看监控系统分配无功至储能变流器情况。

3）模拟主站控制指令中断，监控系统控制模式应自动切换至就地模式，并按照预先给定的高压侧母线电压目标曲线进行控制。

4）模拟主站恢复通信并下发无功控制指令，查看监控系统控制模式与无功下发分配指令。

5）模拟储能电站无功调节能力不足，应正确发出告警信息。

（5）跟踪计划曲线功能调试应按照以下步骤进行：

1）模拟储能电站运行在并网方式，在储能监控系统输入计划值或导入计划文件，查看计划曲线，储能监控系统根据计划曲线分配功率控制命令至储能变流器。

2）在就地控制模式下，监控系统应按照计划曲线分配有功控制至储能变流器，各现地设备应响应主站的有功控制命令。

3）在远方控制模式下，由模拟客户端下发有功遥调指令，储能监控系统应按照主站命令分配下发有功命令至储能变流器。模拟主站不下发控制指令或通信中断，监控系统应保持当前指令状态。

4）模拟顺序控制不满足储能电站运行要求时，储能监控系统控制应具有保护机制。

5）模拟运行参数超出规定的约束条件或保护动作时，储能监控系统应具备控制闭锁功能。

（6）平滑功率输出功能调试应按照以下步骤进行：

1）依次断开参与调试的所有储能电池与储能变流器之间的直流开关、储能变流器并网开关。

2）切换储能变流器的控制模式为远程控制，模拟储能电站运行在并网方式，投入平滑功率输出模式。

3）模拟储能电站接收到的平滑功率指令为定值。

4）分别正、反向模拟间歇性电源功率变化在阈值内，储能电站充、放电功能不启动。

5）分别正、反向模拟间歇性电源变化值超过阈值，储能电站应正确启动充、放电功能。

（7）电压暂降支撑模式调试应按照以下步骤进行：

1）依次断开参与调试的所有储能电池与储能变流器之间的直流开关、储能变流器并网开关。

2）切换储能变流器的控制模式为远程控制。

3）模拟调整单相电压有效值降低至额定电压的10%~90%，持续时间为10ms~1min，各储能变流器的输出指令应正确。

4）重复步骤3），模拟两相、三相电压暂降过程，各储能变流器的输出指令应正确。

（8）备用电源供电模式调试应按照以下步骤进行：

1）模拟储能电站运行在并网方式。

2）投入备用电源供电模式。

3）核实储能电站所有变流器已切换至恒定电压、频率控制。

4）核实母线电压稳定，精度满足要求。

（9）启停机功能调试应按照以下步骤进行：

1）依次检查参与调试的所有电池管理系统、储能变流器、变压器和开关柜等设备，确认设备无异常告警。

2）依次闭合参与调试的所有储能电池与储能变流器之间的直流开关，依次闭合参与调试的所有储能变流器并网开关。

3）切换储能变流器的控制模式为储能电站监控系统的远程控制。

4）通过储能电站监控系统下发参与调试的所有储能变流器启动指令。

5）等待启动完成，储能电站监控系统设置储能电站按小功率运行。

6）通过储能电站监控系统下发系统停止运行指令，运行功率应降为0。

7）储能电站正常运行状态下，按下储能变流器的急停按钮，储能变流器停止运行，同时断开储能变流器直流侧和交流侧接触器，则紧急停机功能正常。

8）储能电站启停机调试完毕，调试过程应无任何异常。

（10）监控系统调试应按照以下步骤进行：

1）检查防误闭锁功能投入与退出功能正常。

2）检查防误闭锁功能预演功能，预演逻辑应正确。

3）投入防误闭锁功能。

4）在模拟装置设置一个可控设备的状态，使其不满足操作条件，在监控系统控制界面中对该设备进行操作。

5）在监控系统中核实该设备状态无变化，核实闭锁原因提示应正确。

6）依次对其他可控设备重复步骤3）~步骤5），完成所有可控设备防误闭锁功能调试。

10. 不间断电源切换功能调试

不间断电源切换功能调试应按照以下步骤进行：

（1）在不间断电源进线电源中串入交流0~250V调压器后合上电源，分别调整调压器电源电压，测量不间断电源输出电压，均应在交流220V±11V内。

（2）断开工作电源开关，备用电源应自动投入。闭合工作电源开关，不间断电源应迅速切回工作电源，切换时间应不大于5ms。

（3）确认不间断电源电池充电灯灭，调节调压器的输出电压等于切换电压时（或切断UPS外部供电电源），不间断电源应迅速切至电池供电，测量不间断电源输出电压应在交流220V±11V内。

（4）调节调压器的输出电压至正常值（或恢复不间断电源外部供电），应由电池供电自动切至外部电源供电。

（5）保持不间断电源由电池供电，直至计算机系统自动执行关机程序正确关机，检查不间断电源电池供电备用时间，应不小于2h。

（6）试验过程中，电源模块状态指示正常，监控系统设备运行无任何异常，相应的声光报警、故障显示正常。

11. 时间同步系统调试

应按照以下步骤进行。

（1）通过配置NTP客户端对系统服务器和工作站实现NTP服务对时。

（2）服务器节点配置为 NTP 服务器，检查其他服务器和工作站时钟可通过 NTP 服务与该服务器保持时钟同步，对时误差不大于 1ms；通过 IRIG-B 码对测控装置与网络卫星钟对时，测控装置对时误差不大于 0.5ms；失去同步时钟信号 60min 内，测控装置守时误差不大于 1ms。

12. 继电保护及安全自动化装置调试

按照相关规程、标准开展装置调试工作。

13. 通信与调度自动化系统调试

（1）调度数据网通信通道调试。用一根跳线连接设备光纤发送端口和光功率计接收端口，读取光功率计的数值，应满足以下要求：

1）厂站端接入通道带宽不应小于 2Mbit/s。

2）数字接口通信速率在 2400~9600bit/s 之间。

（2）信息采集功能调试应按照以下步骤进行：

1）调阅装置上送数据库报表，其上送调度端的采集信息应至少包括厂站内模拟量、开关量、电能量以及来自其他智能装置的数据。

2）调阅装置下传数据库报表，调度端对厂站内设备应有遥控、遥调功能。

3）查阅通信报文，系统应具有遥测越死区传送、遥信变位传送、事故信号优先传送的功能。

4）同时模拟多个调度端通信数据，并下发遥控、遥调指令，被控设备应执行已投允许调度端的遥控、遥调命令。

（3）模拟储能电站遥测信号，检查向有关调度上送遥测量，应满足以下要求：

1）并网线路有功功率、无功功率、电压、电流显示应正确，误差在 5% 测量值以内。

2）集电线有功功率、无功功率显示应正确，误差在 5% 测量值以内。

3）主变压器各侧有功功率、无功功率、电压、电流显示误差在 5% 测量值以内。

4）站用变压器及接地变压器各侧有功功率、无功功率、电压、电流显示误差在 5% 测量值以内。

5）无功补偿装置无功功率、电流显示误差在 5% 测量值以内。

6）并网容量显示误差在 5% 测量值以内。

7）当前储能电站可调有功上限、下限显示误差在 5% 测量值以内。

8）各段高压母线可增无功、可减无功显示误差在 5% 测量值以内。

（4）遥信功能调试。调整储能电站断路器、隔离开关位置状态，检查向有关调度上送遥信量，应满足以下要求：

1）线路、母联、旁路、分段、变压器和无功补偿装置的断路器、隔离开关位置状态显示应与实际一致。

2）储能电站的事故总信号、间隔事故总信号状态，AGC、AVC、同期装置、备自投装置运行状态信号和变压器主要保护动作信号应与实际一致；SOE 信息状态应与实际一致。

（5）遥控功能调试应按照以下步骤进行：

1）模拟调度端对控制试验间隔进行断路器、隔离开关遥控，软压板投退等控制，遥控操作应正确，且返回控制状态结果。

2）模拟调度端对控制试验单元储能变流器进行启停，充、放电功率设定，交、直流断路器分、合，空调启停等控制与调节操作，遥控操作应正确，且返回控制状态结果。

（6）遥调功能调试。模拟调度端下发遥调指令，储能电站应能正确接收遥调指令，并按照相关策略完成 AGC、AVC 功率分配。

第二节　联合调试

储能电站联合调试包括启停机、有功功率控制、无功功率控制、故障穿越、电网适应性调试、电能质量调试等。储能电站联合调试前应具备下列条件：

（1）储能电站监控系统基本功能调试完毕，具备运行条件。

（2）变电站、储能系统与电站监控系统通信应正常，实时性和准确性应符合相关技术规定。

（3）分系统应调试完成，且调试结果合格。

（4）储能电站联合调试申请及调试方案提交调度机构，并审核同意。

（5）储能电站联调试方案、安全措施、应急预案审核完成，并签字盖章。

并网运行调试前，完成场站的 AGC、AVC 系统与集控中心、调度机构端监控系统对点。

1. 启停机调试

应按照以下步骤进行。

（1）依次闭合参与调试的所有储能单元与变流器的之间的直流开关、所有变流器并网开关。

（2）切换变流器的控制模式为远程控制。

（3）通过储能电站能量管理系统下发参与调试的所有变流器启动指令，从 PCS 收到启动命令到额定功率运行时间不超过 5s。

（4）等待启动完成，能量管理系统设置储能电站按小功率运行。

（5）通过能量管理系统下发系统停止运行指令，运行功率应降为 0，从 PCS 接受关停指令到交流侧开关断开所用时间不超过 100ms，关停时能断开 PCS 直流侧输入开关和低压主开关。

（6）储能电站启停机调试完毕，调试过程应无异常。

2. 有功功率控制

（1）场站端 AGC 与调度端联调，全站开环调试应按照以下步骤进行：

1）投入全站 AGC 开环压板和单机 AGC 功能压板。

2）模拟有功越限，检查确认告警文本给出的调节策略，AGC 开环调节逻辑正确。

3）恢复初始设置。

（2）带部分储能变流器的闭环调试应按照以下步骤进行。

1）投入 AGC 功能压板。

2）投入参与调试储能变流器 AGC 功能压板。

3）将 AGC 切换至就地控制，模拟调度指令下发有功功率目标值，检查确认 AGC 功率分配、控制逻辑及调节精度满足相关技术要求。

4）恢复初始设置。

（3）全站闭环调试应按照以下步骤进行。

1）投入 AGC 功能压板。

2）投入全站所有储能变流器的 AGC 功能压板。

3）将 AGC 切换至就地控制，模拟调度指令下发给定值越限或越变幅，AGC 应拒绝接受并报警。

4）模拟调度通信通道切换、通信故障和通信机断电重启等故障，AGC 应无错误遥调和遥控指令发出。

5）将 AGC 切换至远方控制，由调度部门下发有功功率限制指令，检查确认 AGC 接收数值与调度下发指令一致，AGC 跟踪调度指令正确，AGC 上送调度数据与调度接收应一致。

6）恢复初始设置。

（4）全站充放电调试应按照以下步骤进行：

1）储能单元充放电调试工作完成，具备全站充放电条件。

2）依次闭合储能单元与变流器之间的直流开关、变流器并网开关。

3）调整变流器的控制模式为远程控制。

4）通过储能电站能量管理系统设置储能电站有功功率为 0。

5）逐级调节有功功率设定值至 $-0.25P_n$、$0.25P_n$、$-0.5P_n$、$0.5P_n$、$-0.75P_n$、$0.75P_n$、$-P_n$、P_n，各个功率点保持至少 30s，检查确认有功功率达到目标值且满足精度要求。

6）通过储能电站能量管理系统设置储能电站有功功率为 P_n。

7）逐级调节有功功率设定值至 $-P_n$、$0.75P_n$、$-0.75P_n$、$0.5P_n$、$-0.5P_n$、$0.25P_n$、$-0.25P_n$、0，各个功率点保持至少 30s；检查确认有功功率达到目标值且满足精度要求。

8）恢复初始设置。

3. 无功功率控制

（1）场站端 AVC 与调度端联调，全站开环调试应按照以下步骤进行：

1）投入全站开环压板，将 AVC 相关压板全部投入。

2）模拟无功越限，检查确认告警文本给出的调节策略，AVC 开环调节逻辑正确。

3）恢复初始设置。

（2）带部分储能变流器的闭环调试应按照以下步骤进行：

1）投入 AVC 功能压板。

2）投入参与调试储能变流器 AVC 功能压板。

3）将 AVC 切换至就地控制，模拟调度指令下发无功功率目标值，检查确认 AVC 调节动作正确。

4）恢复初始设置。

（3）全站闭环调试应按照以下步骤进行：

1）投入 AVC 功能压板。

2）投入全站所有储能变流器的 AVC 功能压板。

3）将 AVC 切换至就地控制，模拟调度指令下发给定值越限或越变幅，AVC 应拒绝接受并报警模拟调度通信通道切换、通信故障和通信机断电重启等故障，AVC 应无错误遥调和遥控指令发出。

4）将 AVC 切换至远方控制，由调度部门下发无功功率限制指令，检查确认 AVC 接收数值与调度下发指令一致，AVC 跟踪调度指令正确，AVC 上送调度数据与调度接收应一致。

5）恢复初始设置。

（4）无功功率控制系统充电模式调试应按照以下步骤进行：

1）通过储能电站能量管理系统设置储能电站充电有功功率为 P_n。

2）调节储能电站运行在输出最大感性无功功率工作模式。

3）在储能电站并网点测量时序功率，至少记录 30s 有功功率和无功功率；以每 0.2s 功率平均值为一点，计算第二个 15s 内有功功率和无功功率的平均值。

4）分别调节储能电站充电有功功率为 $90\%P_n$、$80\%P_n$、$70\%P_n$、$60\%P_n$、$50\%P_n$、$40\%P_n$、$30\%P_n$、$20\%P_n$、$10\%P_n$ 和 0，重复步骤 2）、步骤 3）。

5）调节储能电站运行在输出最大容性无功功率工作模式，重复步骤 3）和步骤 4）。

（5）无功功率控制系统放电模式调试应按照以下步骤进行。

1）通过储能电站能量管理系统设置储能电站放电有功功率为 P_n。

2）调节储能电站运行在输出最大感性无功功率工作模式。

3）在储能电站并网点测量时序功率，至少记录 30s 有功功率和无功功率；以每 0.2s 功率平均值为一点，计算第二个 15s 内有功功率和无功功率的平均值。

4）分别调节储能电站放电有功功率为 $90\%P_n$、$80\%P_n$、$70\%P_n$、$60\%P_n$、$50\%P_n$、$40\%P_n$、$30\%P_n$、$20\%P_n$、$10\%P_n$ 和 0，重复步骤 2）、步骤 3）。

5）调节储能电站运行在输出最大容性无功功率工作模式，重复步骤 3）和步骤 4）。

（6）能量转换效率调试应按照以下步骤进行。

1）以额定功率放电至放电终止条件时停止放电。

2）以额定功率充电至充电终止条件时停止充电，记录本次充电过程中储能系统充电的能量和辅助能耗。

3）以额定功率放电至放电终止条件时停止放电，记录本次放电过程中储能系统放电的能量和辅助能耗。

4）重复两次，记录每次充放电能量和辅助能耗，计算能量转换效率。

4. 低电压穿越

（1）将模拟电网电压跌落发生装置接入储能系统测试回路，接线相序应正确，检测绝缘电阻及绝缘耐压性能应满足试验要求。

（2）调整储能系统工作在与实际投入运行时一致的控制模式，分别进行空载测试和负载测试。

（3）空载测试应按照以下步骤进行：

1）储能系统储能变流器与电网断开连接。

2）选取 $0\%U_n$ 跌落点测试工况。

3）调节电压跌落发生装置，模拟线路三相对称故障进行测试。

4）调节电压跌落发生装置，分别模拟线路单相接地短路、两相相间短路、两相接地短路三种不对称故障进行测试。

5）分别选取 $20\%U_n$、（20%~50%）U_n、（50%~75%）U_n、（75%~85%）U_n 4 个跌落点测试工况，重复步骤 3）和步骤 4）。

6）试验设备电压跌落幅值、响应时间偏差不满足 GB/T 36548—2018 要求时，应调节电压跌落发生装置参数并重复进行测试。

（4）负载测试应按照以下步骤进行：

1）在空载测试结果满足要求情况下进行负载测试，且负载测试时电网故障模拟发生装置的配置应与空载测试保持一致。

2）储能系统接入电网运行，调节储能系统输出功率在 $0.1P_n$~$0.3P_n$ 之间稳定运行。

3）控制电网故障模拟发生装置进行三相对称电压跌落测试，储能系统应保持不脱网连续运行且响应性能应符合 GB/T 36548—2018 的规定。

4）控制电网故障模拟发生装置进行不对称电压跌落测试，储能系统应保持不脱网连续运行且响应性能应符合 GB/T 36548—2018 的规定。

5）调节储能系统输出功率至额定功率 P_n 稳定运行，重复步骤 3）和步骤 4）。

6）负载测试结果不满足 GB/T 36548—2018 要求时，应优化储能系统相关参数并重复进行空载和负载测试。

5. 高电压穿越

（1）将模拟电网电压跌落装置接入储能系统测试回路，接线相序应正确。检测绝缘电阻及绝缘耐压性能应满足试验要求。

（2）调整储能系统工作在与实际投入运行时一致的控制模式，分别进行空载测试和负载测试。

（3）空载测试应按照以下步骤进行。

1）将储能系统储能变流器与电网断开连接。

2）选取（110%~120%）U_n 抬升点测试工况。

3）调节电压跌落发生装置，模拟线路三相对称故障进行测试。

4）选取（120%~130%）U_n 抬升点测试工况，重复步骤 3）。

5）试验设备电压跌落幅值、响应时间偏差不满足 GB/T 36548—2018 要求时，应调节电压跌落发生装置参数并重复进行测试。

（4）负载测试应按照以下步骤进行：

1）在空载测试结果满足要求情况下进行负载测试，且负载测试时电网故障模拟发生装置的配置应与空载测试保持一致。

2）储能系统接入电网运行，调节储能系统输出功率在 $0.1P_n$~$0.3P_n$ 之间稳定运行。

3）控制电网故障模拟发生装置进行三相对称电压抬升测试，储能系统应保持不脱网连续运行且响应性能应符合 GB/T 36548—2018 的规定。

4）调节储能系统输入功率至额定功率 P_n 稳定运行，重复步骤 3）。

5）负载测试结果不满足 GB/T 36548—2018 要求时，应优化储能系统相关参数并重复进行空载和负载测试。

6. 电网适应性调试

（1）将模拟电网装置接入储能系统测试回路，接线相序应正确。检测绝缘电阻及绝缘耐压性能，应满足试验要求。

（2）调整储能系统工作在与实际投入运行时一致的控制模式，分别进行频率适应性、电压适应性和电能质量性测试。

（3）频率适应性测试应按照以下步骤进行：

1）设置储能系统运行在充电状态。

2）调节模拟电网装置频率在 49.52~50.18 Hz 范围内，选择 3 个测点且临界点必测，每个点连续运行至少 1 min，应无跳闸现象，否则停止测试。

3）设置储能系统运行在放电状态，重复步骤 2）。

4）设置储能系统运行在充电状态。

5）调节模拟电网装置频率在 48.02~49.48 Hz、50.22~50.48 Hz 范围内。

6）选择 3 个测点且临界点必测，每个点连续运行至少 4s。储能系统运行状态及相应动作频率、动作时间应符合 GB/T 36548—2018 的规定。

7）设置储能系统运行在放电状态，重复步骤 6）。

8）分别设置储能系统运行在充电、放电状态，调节模拟电网装置频率至 50.52 Hz，重复步骤 6）。

9）分别设置储能系统运行在充电、放电状态，调节模拟电网装置频率至 47.98 Hz，重复步骤 6）。

（4）电压适应性测试应按照以下步骤进行：

1）设置储能系统运行在充电状态。

2）调节模拟电网装置输出电压至拟接入电网标称电压的 86%~109% 范围内。

3）选择 3 个测点且临界点必测，每个点连续运行至少 1 min，应无跳闸现象，否则停止测试。

4）调节模拟电网装置输出电压至拟接入电网标称电压的 85% 以下，连续运行至少 1min，储能系统运行状态及相应动作电压、动作时间应符合 GB/T 36548—2018 的规定。

5）调节模拟电网装置输出电压至拟接入电网标称电压的 110% 以上，连续运行至少 1 min，储能系统运行状态及相应动作电压、动作时间应符合 GB/T 36548—2018 的规定。

6）设置储能系统运行在放电状态，重复步骤 2）~ 步骤 5）。

（5）电能质量适应性测试应按照以下步骤进行：

1）设置储能系统运行在充电状态。

2）调节模拟电网装置交流侧的谐波值、三相电压不平衡度、间谐波值分别至 GB/T 14549—1993、GB/T 15543—2008 和 GB/T 24337—2009 中要求的最大限值，连续运行至少 1min，储能系统运行状态及相应动作时间应符合 GB/T 36548—2018 的规定。

3）设置储能系统运行在放电状态，重复步骤 2）。

4）电网适应性测试结果不满足 GB/T 36548—2018 要求时，应优化储能系统相关参数并重复进行频率适应性、电压适应性和电能质量性测试。

（6）一次调频死区校验应按照以下步骤进行：

1）将储能系统与模拟频率扰动装置相连。

2）根据电网实际要求，储能电站一次调频的死区设置在 ±（0.03~0.05）Hz 范围内。

3）通过模拟频率扰动装置连续调整频差信号测试一次调频死区，直至有功功率开始规律性调节，并记录相应有功动作时间、动作频率值，死区设置与测试结果应符合 GB/T 40595—2021《并网电源一次调频技术规定及试验导则》的规定。

（7）一次调频动态性能测试应按照以下步骤进行：

1）将储能系统与模拟电网扰动装置相连。

2）设置储能系统运行在充电状态。

3）通过模拟频率扰动装置调整频差扰动信号，测试储能电站频率阶跃动态响应性能。阶跃试验至少包括 ±0.05、±0.15、±0.2Hz 的有效频差阶跃，最大有效频差宜不超过 ±0.25Hz。

4）设置储能系统运行在放电状态，重复步骤 3）。

5）频差扰动信号应持续保持至一次调频功率达到理论计算值后 30s，记录响应过程数据，得到一次调频滞后时间、上升时间、调节时间、达到稳定时的有功功率调节偏差等指标应符合 GB/T 40595—2021 的规定。

（8）一次调频限幅校验应按照以下步骤进行：

1）根据电网实际要求，设置储能电站一次调频调差率为 0.5%~3%。

2）将储能系统与模拟电网扰动装置相连。

3）设置储能系统运行在充电状态。

4）通过模拟频率扰动装置连续调整频差信号，测试有功功率规律性调节，有功最大调节幅值应符合 GB/T 40595—2021 的规定。

5）设置储能系统运行在放电状态，重复步骤 4）。

7. 电能质量调试

在储能电站并网点接入电能质量测量装置，分别进行三相电压不平衡、谐波和直流分量测试。

（1）三相电压不平衡测试。在充电和放电状态下分别测试，并按照 GB/T 15543—2008 的相关规定进行系统的三相电压不平衡测试。

（2）谐波测试。在充电和放电状态下分别测试，按照 GB/T 14549—1993 的相关规定进行系统的谐波测试，按照 GB/T 24337—2009 的相关规定进行间谐波测试，结果应满足相关技术要求。

（3）在放电状态下的直流分量测试。步骤如下。

1）将储能电站与电网相连，所有参数调至正常工作条件，且功率因数调为 1。

2）调节储能电站输出电流至额定电流的 33%，保持 1 min。

3）测量储能电站输出端各相电压、电流有效值和电流的直流分量，在同样的采样速率和时间窗下测试 5 min。

4）当各相电压有效值的平均值与额定电压的误差小于 5%，且各相电流有效值的平均值与测试电流设定值的偏差小于 5% 时，采用各测量点的绝对值计算各相电流直流分量幅值的平均值。

5）调节储能电站输出电流分别至额定输出电流的 66% 和 100%，保持 1 min；重复步骤 3）和步骤 4）。

（4）在充电状态下的直流分量测试。步骤如下：

1）将储能电站与电网相连，所有参数调至正常工作条件，且功率因数调为 1。

2）调节储能电站输入电流至额定电流的 33%，保持 1 min。

3）测量储能电站输入端各相电压、电流有效值和电流的直流分量，在同样的采样速率和时间窗下测试 5 min。

4）当各相电压有效值的平均值与额定电压的误差小于 5%，且各相电流有效值的平均值与测试电流设定值的偏差小于 5% 时，采用各测量点的绝对值计算各相电流直流分量幅值的平均值。

5）调节储能电站输入电流分别至额定输出电流的 66% 和 100%，保持 1 min；重复步骤 3）和步骤 4）。

第六章

储能电站运维检修监督

　　储能电站的运行维护、检修是保证储能电站安全稳定运行的基础，是做好安全生产的基本要素，其设备的可靠性直接影响储能电站的运行质量和储能效率。因此，储能电站的运行维护、检修工作对于正常运行至关重要。

　　储能电站运行维护是指其保护性措施，通过运行维护可以提高设备运行质量，确保设备在安全范围内正常运行。进行储能电站设备运行维护的目的是提高设备运行的安全性、可靠性和整体效率，延长设备寿命，减少故障率和维修次数，降低成本，从而确保储能电站设备正常运行。储能电站的检修是指对电站设备进行检查、测试的过程。检修可以发现设备故障，排除隐患，修正缺陷，延长设备寿命，提高运行效率。同时，定期检修对于预防事故和保障电力设施安全运行具有重要作用。

第一节　储能电站运维监督

一、运行与维护监督总则

　　电化学储能电站运行维护应满足 GB/T 40090—2021、GB/T 36547—2018 等标准要求。电化学储能电站投运前应根据储能电站类型，制定运行、检修、维护规程。电化学储能电站应配备能满足安全可靠运行的运行维护人员，运行维护人员上岗前应经过储能电站工作原理、设备性能、常见故障处理、安全风险、防范措施、消防安全知识以及应急处置流程等培训。电化学储能电站应对设备运行状态、操作记录、异常及故障处理、维护等进行记录，并对运行指标进行分析。

二、运行与维护监督内容

　　电化学储能电站运行人员应实时监视电站运行工况，监视可采用就地监视和远程监视，监视内容主要包括以下内容：

（1）运行模式和运行工况。

（2）全站有功功率、无功功率、功率因数、电压、电流、频率、全站上网电量、全站下网电量、日上网电量、日下网电量、累计上网电量、累计下网电量，储能系统充电量、放电量、日充电量、日放电量、累计充电量、累计放电量等。

（3）电池、电池管理系统、储能变流器、监控系统、继电保护及安全自动装置、通信系统等设备的运行工况和实时数据。

（4）变压器分接头档位、断路器、隔离开关、熔断器等位置状态；异常告警信号、故障信号、保护动作信号等。

（5）视频监控系统实时监控情况等。

（6）消防系统、二次安防系统、环境控制系统等状态及信号。

1. 运行操作

（1）储能系统并网和解列操作；储能系统运行模式选择；储能系统运行工况切换。

（2）接入公共电网的储能电站并网、解列应获得电网调度机构同意。运行人员可对储能系统自动发电控制、自动电压控制、计划曲线控制、功率定值控制等运行模式和优先级进行选择，各储能系统运行模式和优先级选择宜保持一致。运行人员可对储能系统启动、充电、放电、停机、热备用、检修等运行工况进行相互切换。涉网设备发生异常或故障时，运行人员应及时上报电网调度机构，并按现场运行规程和电网调度机构要求对故障设备进行隔离及处理。

2. 巡检

（1）电化学储能电站的巡视检查可分为日常巡检和专项巡检，巡检内容应满足 GB/T 40090—2021 的规定。

（2）电化学储能电站宜每班进行巡视检查。特殊季节和异常天气（如雨季、极寒、极热、台风等）时应进行专项巡检工作。储能电站设备新投入或经过大修等特殊情况的宜加强巡检工作。

（3）运行人员进行巡视检查时不应越过围网和安全警示带，进入电池室或电池舱等密闭空间前，应先进行 15min 以上的通风。当监控系统报异常信号时，应及时进行现场检查。在缺陷和隐患未消除前应增加巡视检查频次。

（4）电池及电池管理系统日常巡检。设备运行编号标识、相序标识清晰可识别，出厂铭牌齐全、清晰可识别；无异常烟雾、振动和声响等；电池系统主回路、二次回路各连接处连接可靠，无锈蚀、积灰、凝露等现象；电池外观完好，无破损、膨胀、变形、漏液等现象；电池架接地完好，接地扁铁无锈蚀、松动现象；电池无短路，接地、熔断器正常；电池电压、温度采集线连接可靠，巡检采集单元运行正常；电池管理系统参数显示正常，电池电压、温度在合格范围内，无告警信号，装置指示灯显示正常。

（5）储能变流器日常巡检。储能变流器柜体外观洁净，无破损，门锁齐全完好，锁牌正确；储能变流器柜体设备编号、铭牌、标识齐全、清晰、无损坏，操作方式、开关位置正常；储能变流器的交、直流侧电压、电流正常；储能变流器运行正常，其冷却系统和不间断电源工作正常，无异常响声、冒烟、烧焦气味；储能变流器液晶屏显示清晰、正确，监视、指示灯等指示正确正常，通信正常，时钟准确，无异常告警、报文；储能变流器室内温度正常，照明设备完好，排风系统运行正常，室内无异常气味。

（6）电池室或电池舱日常巡检。电池室或电池舱外观、结构完好；电池室或电池舱内温度、湿度应在电池正常运行范围内，空调、通风等温度调节设备运行正常；照明设备完好，室内无异味；电池室或电池舱防小动物措施完好；视频监视系统正常显示；摄像机的灯光正常，旋转到位；信号线和电源引线安装牢固，无松动。

（7）监控系统日常巡检。服务器运行正常，功能界面切换正常；监控系统与电池管理系统、储能变流器、消防系统、视频系统等通信正常；监控系统无异常告警信息。

（8）消防系统日常巡检。火灾报警控制器各指示灯显示正常，无异常报警，备用电源正常；消防标识清晰完好；安全疏散指示标识清晰，消防通道和安全疏散通道畅通，应急照明完好；灭火装置外观完好、压力正常、试验合格；消防箱、消防桶、消防铲、消防斧完好、清洁，无锈蚀、破损；火灾自动报警系统触发装置安装牢固，外观完好；工作指示灯正常；电缆沟内防火隔墙完好，墙体无破损，封堵严密。

（9）空调系统日常巡检。空调工作正常，无异响、振动，室内温、湿度在设定范围内；空调内、外空气过滤器（网）应清洁、完好。

（10）液流电池储能系统日常巡检。电解液输送系统管道、法兰无损伤、变形、开裂、漏液，法兰螺栓连接牢固；电解液输送系统阀门位置正确，无损伤、变形、漏液，阀门开合正常、无卡涩；电解液输送泵转动正常，无异响、漏液，螺栓应连接牢固、无松动；电解液储罐外观无变形、漏液，电解液储罐液位计指示液位应与实际液位一致，并在规定范围内；电解液储罐水平度、垂直度应满足初始设计要求；如有气体保护，气体压力值应在设定的保护值范围内；换热器本体完好，无损伤、变形、裂纹、漏液，排液阀门完好、无渗漏，与之连接的法兰完好、无渗漏，冷媒盘管完好、无腐蚀；冷媒管路无损伤、变形、裂纹、腐蚀，冷媒无泄漏，保温完整，阀门完好；主机显示屏正常、无报警，压缩机完好、无渗漏，风扇运行正常、转向正确，保温带工作正常，高、低压力表指示正确，压力开关设置正确，电气元件完好；伴热保温系统整体结构完整良好，保温无破损、灼烧、缺少的情况，伴热带无断裂、破皮、老化及灼伤等现象；控制箱应外观完整，元器件完整良好，线路整齐，接线紧固，无老化、过热、烧焦等现象。

（11）极端天气专项巡检。检查电池运行环境温度、湿度是否正常；检查电池、储能变流器导线有无发热等现象；严寒天气时检查导线有无过紧、接头开裂等现象；高温天气增加红外测温频次，检查电池仓内部凝露情况；雷雨季节前后检查接地是否正常。

（12）异常及故障后专项巡检。重点检查信号、保护、录波及自动装置动作情况；检查事故范围内的设备情况，如导线有无烧伤、断股。

（13）新设备投运或大修后投运专项巡检。检查设备有无异声、接头是否发热等。

（14）其他类型专项巡检。保电期间适当增加巡视次数；存在缺陷和故障的设备，应着重检查异常现象和缺陷是否有所发展。

3. 维护

（1）储能电站的维护应结合设备运行状态、异常及故障处理情况，通过智能分析确定维护方案。

（2）储能电站应根据维护方案，在维护前应完成所需备品备件的采购、验收和存放管理工作及工器具的准备工作。

（3）储能电站储能设备维护包括电池、电池管理系统、储能变流器、空调系统等设备的清扫、紧固、润滑及软件备份等。

（4）储能变流器维护项目及要求。定期对储能变流器清扫或更换滤网，周期不大于6个月；定期读取和保存储能变流器运行数据，周期不大于6个月，存储方式按照厂家建议执行；定期检查储能变流器电缆接线是否松动；检查连接端子和绝缘是否有变色或者脱落，并对损坏或者腐蚀的连接端子进行更换，周期不大于12个月；定期对变流器的冷却系统进行检查，对活动部件进行润滑，周期不大于12个月。

（5）电池及电池管理系统维护项目及要求。对电池和电池柜进行全面清扫，周期不大于12个月；检查并紧固储能系统各部位连接螺栓，周期不大于12个月；检查电池柜或集装箱内烟雾、温度探测器工作是否正常，周期不大于6个月；定期对锂离子电池进行均衡维护，周期不大于12个月；定期对低电量存放的电池进行充放电，周期不大于6个月；定期检查液流电池电解液循环系统、热管理系统、电堆的外表有无腐蚀或漏点，周期不大于6个月；定期检查液流电池系统氮气瓶压力，并及时补充氮气，周期不大于3个月；定期对电池管理系统的数据进行读取保存，并进行软件更新，周期不大于6个月；定期检查光纤的连接情况，发现问题应及时处理，周期不大于12个月。

（6）空调系统维护项目及要求。定期检查、补充空调冷却介质，周期不大于6个月；定期清洗空调滤网，周期不大于12个月。

4. 异常及故障处理

（1）运行人员发现设备异常应立即向运行值长汇报，并及时对异常设备进行处置。

（2）储能变流器屏柜状态指示灯故障异常时，应加强巡视，填写缺陷记录，填报检修计划更换。

（3）储能变流器指示偏高但未超过告警值时异常处理。检查风冷装置工作状态和风机工作电源；检查进、出口风道及风道滤网是否遮挡；检查变流器本体多个温度测点指示值；降低变流器功率输出；加强日常巡视中温度检查，填写巡视记录；调整储能系统停机计划，进行变流器内部检查；按照运行规程将变流器改检修并断开储能系统内电气连接；使用红外测温仪检查超温部件和测温探头；填写缺陷记录，填报检修计划。

（4）变流器通信异常、遥测遥信数据刷新不及时异常处理。检查变流器至监控系统通信通道的通信线缆、交换机和规约转换器状态；采用监控系统网络状态监测工具检查储能变流器通信服务状态；调整储能系统停机计划，进行变流器内部检查；按照运行规程将变流器改检修，检查变流器通信板卡状态；重新启动变流器通信卡、规约转换器；

填写缺陷记录，填报检修计划。

（5）运行参数偏高但未触发告警异常处理。检查控制器内部信号及故障码，判断是否内部元件故障；加强巡视，观察运行参数是否渐进劣化；调整储能系统停机计划，进行变流器内部检查；按照运行规程将变流器改检修；检查变流器电压、电流传感器等内部信号连接线缆；检查稳压电容等内部连接线缆；填写缺陷记录，填报检修计划。

（6）电池单体温度偏高但未超过告警值异常处理。采用红外测温仪检测电池温度并与变流器信号比对；紧固电池正、负极接线端子；检查电池温度探头和测温回路；持续监测电池温度，观察温度是否进一步偏离正常值，填写缺陷记录，填报检修计划。

（7）电池单体间可用容量偏差高但未超过告警值异常处理。在电池充满状态进行容量校准；持续监测电池容量，观察是否进一步偏离正常值；填写缺陷记录，填报检修计划，联系检修人员进行维护充电。

（8）电池单体间电压一致性超过限值异常处理。采用万用表测量电池电压并与电池管理系统信号比对；调整储能系统运行计划，退出储能系统自动功率控制；投入电池管理系统电池均衡功能，并持续监测电池电压，不允许长时间持续运行；填写缺陷记录，填报检修计划更换缺陷电池。

（9）电池单体欠电压、过电压告警异常处理。采用万用表测量电池电压并与电池管理系统信号比对；调整储能系统停机计划；测量电池内阻，并进行充放电维护；填写异常记录，填报消缺计划，更换缺陷电池。

（10）电池管理系统与监控系统通信异常，数据刷新不及时异常处理。检查电池管理系统至监控系统通信通道的通信线缆、交换机和规约转换器状态；采用监控系统网络状态监测工具检查电池管理系统通信服务状态；重新启动电池管理系统时，应先闭锁电池管理系统至变流器跳闸节点及电池簇出口断路器、接触器的跳闸节点；重启异常网络通信设备；填写缺陷记录，填报检修计划。

（11）电池管理系统电压、温度信号采集错误异常处理。紧固电池电压、温度探头接线；检查电压、温度采集线与电池管理系统采集器回路；填写缺陷记录，填报检修计划。

（12）火灾告警探测器、可燃气体探测器探头失效异常处理。操作消防系统"自动"改"手动"；检查火灾告警探测器、可燃气体探测器有效性；填写异常记录，填报消缺计划，更换异常探头。

（13）空调制冷异常处理。检查清洗空调滤网；检查补充空调冷却介质；检查空调压缩机是否启动；填写异常记录，填报消缺计划。

（14）电池室通风异常处理。检查风机工作电源；检查风机控制启动回路；填写异常记录，填报消缺计划，更换异常元件。

（15）属于电网调度机构管辖设备发生异常时，运行人员进行异常处理前应向调度值班人员汇报。

（16）储能电站设备发生故障时，运行人员应立即停运故障设备，隔离故障现场，并汇报调度值班人员和相关管理部门。

（17）储能变流器温度高触发告警、风冷装置故障告警故障处理。操作退出储能系统，切断系统内电气连接；变流器故障处理宜在停电 30min 后方可打开盘柜；检查变流器本体告警信号和超温元件；检查风冷装置工作状态和风机工作电源；检查进、出口风道及风道滤网是否遮挡；使用红外测温仪检查超温部件和测温探头；填写缺陷记录，填报检修计划。

（18）储能变流器运行参数偏高触发告警故障处理。退出储能系统，切断系统内电气连接；检查控制器本体告警信号；检查校验变流器电压、电流传感器，必要时录制变流器交、直流两侧电压、电流波形；填写缺陷记录，填报检修计划。

（19）储能变流器接地告警、绝缘告警故障处理。退出储能系统，切断系统内电气连接；检查控制器本体告警信号；检查变流器安保接地、中性点接地是否连接可靠，接地电阻值是否正常；用绝缘检测仪测量变流器直流侧绝缘电阻；填写缺陷记录，填报检修计划。

（20）储能变流器发生异响故障处理。退出储能系统，切断系统内电气连接；检查控制器本体告警信号；检查风冷装置、变压器、功率模块等部件，核查异响部位或异响元件；填写故障记录，填报检修计划。

（21）储能变流器交流侧保护动作故障处理。退出储能系统，切断系统内电气连接；切断储能系统交流侧并网汇集线路；填写故障记录，填报应急抢险计划，配合检修人员进行故障抢险。

（22）储能变流器直流侧保护动作故障处理。退出储能系统，切断系统内电气连接；检查电池簇和电池状态；检查电池管理系统与变流器之间的保护跳闸节点是否正常；填写故障记录，填报应急抢险计划，配合检修人员进行变流器和电池检测。

（23）储能变流器温度高、有异响、异味故障处理。退出储能系统，切断储能系统内电气连接；变流器故障处理宜在停电 30min 后方可打开盘柜；检查变流器本体告警信号和超温部件；检查变流器内部是否存在电弧烧灼现象；检查风冷装置；检查进、出口风道及风道滤网是否遮挡；填写故障记录，运行人员配合事故抢修人员处置。

（24）电池管理系统主机死机、测量数据不刷新故障处理。检查电池管理系统主机环境温度、检查电池管理系统电源、通信线缆；检查电池管理系统主机告警信号；调整储能系统停机计划，进行电池管理系统屏、柜内部检查；按照运行规程将电池管理系统改检修；重启电池管理系统主机，检查电池管理系统主机告警信号；填写缺陷记录，填报检修计划，更换电池管理系统故障部件。

（25）储能电池单体欠电压、过电压，电池管理系统保护动作故障处理。退出储能系统，切断系统内电气连接；采用万用表测量电池电压并与电池管理系统信号比对；填写故障记录，填报检修计划。

（26）液流电池电解液循环管道接头轻微渗液故障处理。加强现场巡视检查，持续跟踪记录漏液现象；调整储能系统停机计划；填写缺陷记录，填报检修计划；检修前应按照运行规程退出储能系统，紧固或更换电解液循环系统泄漏部位接头。处理人员操作时应使用安全防护用具，防止吸入有害气体、接触酸液。

（27）液流电池电解液循环系统故障处理。退出储能系统，切断系统内电气连接；检查电动阀门电动执行机构，对电动阀门进行校准；检查循环泵；填写故障记录，填报检修计划，更换电动执行机构、循环泵。

（28）锂离子电池变形、鼓胀、异味故障处理。立即退出储能系统，切断系统内电气连接；在故障电池周边加装防火隔板和防渗漏托盘；填写故障记录，填报检修计划更换故障电池。

（29）电池壳体破损、泄压阀破裂、电解液泄漏故障处理。立即退出储能系统，切断系统内电气连接；在故障电池周边加装防火隔板和防渗漏托盘；填写故障记录，填报应急抢险单，更换电池；对同储能系统电池进行抽检，故障电池更换完成后需进行电池簇检测；操作时应使用安全防护用具，防止吸入有害气体、接触酸液。

（30）液流电池热管理系统故障处理。立即退出储能系统，切断系统内电气连接；检查压缩机的辅助预热设备和伴热带；检查压缩机本体；填写故障记录，填报应急抢险单，更换压缩机。

（31）泄压阀破裂、冒出烟气、无明火故障应急处理。立即退出储能系统，切断电池室内全部电气连接；人员立即从电池室撤离并封闭，人员不应进入或靠近；立即远程操作退出储能系统，跳开储能系统内部电气连接，并断开与其他储能系统的电气连接；按应急预案采取隔离和防护措施，防止故障扩大并及时上报；填写故障记录，运行人员配合事故抢修人员处置。

（32）电池温度高、电池泄压阀打开、释放大量刺鼻烟气、出现明火故障应急处理。立即退出储能系统，切断系统内电气连接；人员立即从电池室撤离并封闭，关闭全部电池室防火门，疏散周边人员，人员不应进入或靠近；确认电池室消防系统启动自动灭火，如未启动则人工启动；立即停运整个储能电站，并远程操作跳开电站全部电气连接；按应急预案采取隔离和防护措施，防止故障扩大并及时上报；填写故障记录，运行人员配合消防员及事故抢修人员处置。

（33）液流电池系统电解液大量泄漏或者喷溅故障应急处理。人员立即从电池室撤离并封闭，疏散周边人员，人员不应进入或靠近；立即远程操作退出储能系统，跳开储能系统内部电气连接，并断开与其他储能系统的电气连接；待电解液放空或喷溅结束后按应急处置方案采取相应措施，防止故障扩大；故障处理人员操作时应使用安全防护用具，防止吸入有害气体、接触酸液；填写故障记录，运行人员配合消防员及事故抢修人员处置。

（34）当发生储能系统冒烟、起火等严重故障时，运行人员可不待调度指令立即停运相关储能系统，疏散周边人员，并立即启动灭火系统，联系消防部门并退出通风设施和变流器冷却装置，切断除安保系统外的全部电气连接。

（35）储能电站交接班发生故障时，应处理完成后再进行交接班。

（36）储能电站升压站设备的异常运行与故障处理依据 DL/T 969—2005《变电站运行导则》执行。

（37）运行人员完成设备故障处理后，应向调度值班人员、运行管理部门和安全生产部门汇报故障及处理情况，配合相关部门开展故障调查，配合检修人员开展紧急抢修。

（38）运行人员异常或故障处置后应及时记录相关设备名称、现象、处理方法及恢复运行等情况，并按照要求进行归档。

5. 电气系统的运行与维护

电化学储能系统继电保护及安全自动装置、变配电一次设备、变配电二次设备及其相应的二次回路、防雷接地系统、直流及 UPS 系统、电能计量系统、辅助设备、接入配电网等的运行维护工作应满足国家、行业相关标准、规程的规定。

第二节　储能电站检修监督

一、检修监督依据标准

GB/T 36276—2018《电力储能用锂离子电池》

GB/T 40090—2021《储能电站运行维护规程》

GB/T 36280—2018《电力储能用铅炭电池》

GB/T 36558—2018《电力系统电化学储能系统通用技术条件》

GB/T 37562—2019《压力型水电解制氢系统技术条件》

GB/T 42288—2022《电化学储能电站安全规程》

DL/T 573—2021《电力变压器检修导则》

DL/T 724—2021《电力系统用蓄电池直流电源装置运行与维护技术规程》

DL/T 727—2013《互感器运行检修导则》

DL/T 995—2016《继电保护和电网安全自动装置检验规程》

二、检修监督内容

1. 电池阵列检修一般规定

电池阵列检修前应断开一次回路交、直流断路器、隔离开关，并在储能变流器交流侧装设接地线，悬挂安全警示牌；电池检修过程中，电池单体、电池模块、电池簇以及电堆正、负极不应短路和反接；锂离子电池、液流电池阵列检修后，宜调整同一电池阵列电池簇簇间总电压平衡，锂离子电池簇间的总电压极差应不大于平均值的 2%，液流电池簇间的总电压极差应不大于平均值的 4%。

2. 锂离子电池阵列检修

（1）外观检查。检查电池模块外观，包括变形、开裂、漏液、腐蚀及电气连接紧固程度；检查电池支架变形、破损、腐蚀及接地线连接紧固程度；检查电池阵列风冷系统，包括风扇转动、异响等；检查电池阵列液冷系统，包括液冷系统液位、温度，循环泵转动、流量、异响，液冷系统循环泵、管道、阀门、法兰连接回路渗漏、损伤、开裂及阀门开关情况；检查电池管理系统电源线、通信线连接紧固程度及电池管理系统工作电压、工作指示灯显示情况；检查电池管理系统人机界面，包括电池单体、模块电压、温度和电池簇电压、电流及系统时间等数据显示和刷新情况，以及告警信息记录。

（2）检测试验。检测电池模块电压、电池簇电压；校验电池管理系统电池电压传感器、温度传感器和电流传感器；检测电池电压、温度和电流，并校验电池管理系统相应测量值；检测电池簇电池单体电压极差、温度极差；检测电池阵列风冷系统风机、风扇绝缘电阻，检测风机风量；检测电池阵列液冷系统循环泵绝缘电阻，校验温度、流量传感器；进行电池管理系统电池电压、温度和电流等保护功能模拟试验和通信功能试验；进行锂离子电池储能系统充放电能量及效率试验，并在电池管理系统进行储能系统可充放电能量标定。

（3）修理。电池模块出现变形、开裂、漏液、腐蚀等现象时，应进行更换；更换电池时，同一电池阵列内应更换为同一规格、参数电池；储能系统处于停机状态持续15min后，电池簇内电池单体电压极差大于100mV时，应对电压极差大的电池模块进行离线均衡，均衡后应满足电池簇电池电压极差的要求。充放电过程中电池簇内电池电压极差大于300mV时，应对电压极差大的电池模块进行离线均衡，均衡后应满足电池簇电池电压极差的要求；更换电池单体、模块前，新电池单体、模块应进行电压、绝缘电阻试验，试验结果应符合GB/T 36276—2018要求；电池单体、模块电压、温度数据异常时，应更换电池单体或电池模块；锂离子电池储能系统充放电能量不符合GB/T 36558—2018的要求，且离线均衡后电池电压极差不符合要求时，应在同一电池阵列内更换为同一规格、参数电池模块；电池支架变形、破损、腐蚀时，应更换电池支架。接地线连接不牢固或破损时，应紧固或更换接地线；电池阵列风冷系统风扇绝缘电阻不合格、转动异常时，应对风扇进行修理或更换；电池阵列液冷系统循环泵绝缘电阻不合格、转动异常及温度、流量传感器故障时，应对循环泵、传感器进行修理或更换为同一规格循环泵、传感器；电池阵列液冷系统循环泵、管道、阀门、法兰等渗漏、损伤、开裂时，应更换为同一规格的循环泵、管道、阀门、法兰。循环泵、法兰螺栓松动时，应进行紧固。阀门开关位置不正确、卡涩时，应进行调整；电池管理系统电池电压、温度和电流传感器故障时，应更换传感器；电池管理系统电压、温度采集线及通信线松动、脱落时，应恢复接线，断裂时应进行更换；电池管理系统电池电压、温度和电流测量值异常时，应对电池管理系统、传感器进行修理或更换。

（4）修后试验。电池管理系统修理或更换后，应进行电池管理系统电池电压、温度和电流测量值校核，并进行保护功能模拟试验、通信功能试验；电池阵列完成电池离线均衡、更换后，宜进行电池簇内电池电压极差、温度极差测试和各电池簇间电压极差测试；电池阵列完成电池离线均衡、更换后，宜进行锂离子电池储能系统充放电能量及效率试验；电池阵列风冷系统风扇和液冷系统循环泵修理或更换后，应进行各项性能检测。

3. 液流电池阵列检修

（1）外观检查。检查电堆变形、破损、渗漏液、腐蚀情况，以及压紧螺栓和正、负极接线连接紧固程度；检查电解液储罐变形、开裂、渗漏液、倾斜、液位指示等；检查电池支架变形、破损、腐蚀等，以及接地线连接紧固程度；检查电解液循环泵，包括转动、异响、损伤、渗漏液等，以及螺栓连接紧固程度；检查管道、法兰、阀门，包括变形、损伤、开裂、渗漏液及螺栓连接紧固程度、阀门开关情况；检查电压、电流、温度、压力、流量、漏液等传感器连接紧固程度；检查电池管理系统电源线、通信线连接紧固程度及电池管理系统工作电压、工作指示灯显示情况；检查电池管理系统人机界面，包括电解液温度、电堆电压和电池阵列电流、压力、流量及系统时间等数据显示和刷新情况，以及告警信息记录。

（2）检测试验。检测电解液组分浓度、活性物质价态、杂质元素含量；校验电池管理系统温度、电压、电流、压力、流量传感器；检测电堆绝缘电阻、充放电功率；检测电解液循环泵绝缘电阻、流量；检测液流电池电解液循环系统管路耐压；检测电池管理系统的电解液温度、电堆电压和电池阵列电流、压力、流量，并校验电池管理系统相应测量值；进行液流电池储能系统充放电能量及效率试验，并进行储能系统充放电能量标定。

（3）修理。修理前应排空修理部分电解液；电堆未压紧时应紧固压紧螺栓，正、负极接线松动时应进行紧固；电堆出现变形、破损、渗漏液、腐蚀等现象，绝缘电阻小于 $1M\Omega$，电堆额定能量效率低于 75% 时，应修理或更换为同一规格、参数电堆，新电堆应进行绝缘电阻、电堆电压极差、电堆效率、电解液回路耐压试验；管道、法兰松动、变形、损伤、开裂、渗漏液时，应进行修理或更换为同一规格的管道、法兰；阀门变形、损伤、开裂、渗漏液、开合不到位、卡涩时，应进行修理或更换为同一规格阀门。电动阀门电气故障时，应修理或更换电动操动机构；电解液循环泵绝缘电阻不合格、转动异常，温度、压力、流量、漏液等传感器故障时，应对循环泵、传感器进行修理或更换为同一规格循环泵、传感器；电解液储罐变形、开裂、渗漏液时，应进行修理或更换；电解液储罐液位低于正常液位时应补充电解液，活性物质价态不符合运行要求时应调整电解液价态，电解液组分浓度、杂质元素含量不符合运行要求时应更换电解液；电池管理系统温度、电压、电流、压力、流量测量值异常时，应对电池管理系统、传感器进行修理或更换；电池管理系统保护功能异常时，应对电池管理系统进行修理或更换。

（4）修后试验。电解液补充、价态调整或更换后，应进行电解液组分浓度、活性物质价态检测；电池管理系统修理或更换后，应进行精度校验以及保护功能、紧急停机功能试验；电解液循环泵、管路、法兰、阀门更换后，应进行电解液循环系统耐压试验和流量、温度检测；电解液补充、更换、价态调整或电堆更换后，应进行液流电池储能系统充放电能量及效率试验，充放电能量试验过程中应进行电堆电压极差试验。

4. 储能变流器检修一般规定

（1）储能变流器检修前，应断开交、直流侧开关，并测量端口残压，当直流端口电压小于 50V、交流端口电压小于 36V 时方可进行开箱（门）检修操作。

（2）储能变流器检修过程中，应采取防静电措施，电抗器、电容器等储能元器件应充分放电。

（3）储能变流器整体更换或控制器、功率模块、电容器、电抗器、隔离变压器等重要部件更换后，应进行相应的功能和性能试验。

（4）外观检查。检查储能变流器柜外观，包括变形、锈蚀、破损及接地线连接紧固情况；检查一次回路线缆、二次回路线缆和监控通信线，包括绝缘层破损、断线、变色、放电痕迹及接线端子连接紧固程度；检查功率模块、电容器、电抗器、隔离变压器、电流互感器、电压互感器等重要部件外观，包括损伤、灼伤、放电痕迹、变形及电气连接紧固程度；检查防雷保护模块、浪涌保护器，包括放电指示、破损及电气连接牢固程度；检查储能变流器冷却系统，包括风扇转动、异响及散热片变形、锈蚀、破损等；检查储能变流器监控人机界面，包括电压、电流、功率等数据显示和刷新情况及告警信息、状态指示等。

（5）检测试验。进行储能变流器绝缘耐压试验；进行储能变流器启停和紧急停机等功能试验；进行储能变流器充放电和功率控制功能试验；进行储能变流器并网、离网切换功能和相序自适应功能试验；进行储能变流器极性反接保护，交、直流过电压保护、欠电压保护、通信故障保护、冷却系统故障保护等故障诊断和保护功能试验；进行储能变流器与电池管理系统、监控系统等其他设备的通信功能试验。

（6）修理。储能变流器柜外壳变形、锈蚀时，应进行修理或更换；接地线、一次回路连接电缆及铜排、二次回路线缆、监控通信线连接松动时，应进行紧固；电缆绝缘层出现破损、变色、放电等现象，或绝缘电阻不符合 GB/T 12706.1~12706.4—2020《额定电压 1kV（U_m=1.2kV）到 35kV（U_m=40.5kV）挤包绝缘电力电缆及附件》的要求时，应进行修理或更换；绝缘子出现破损、放电等现象时，应更换为同一规格的绝缘子；紧急停机按键、开关、接触器、断路器、继电器、熔断器等器件功能或性能异常时，应进行修理或更换；功率模块、通信模块损坏时，应更换为同一规格的模块；电容器变形、漏液或绝缘电阻、电容量不符合 GB/T 17702—2021《电力电子电容器》要求时，应更换为同一规格电容器；电抗器绝缘电阻不符合 GB/T 1094.6—2011《电力变压器 第 6 部分：电抗器》、隔离变压器绝缘电阻不符合 GB/T 1094.11—2022《电力变压器 第 11 部分：干式变压器》、电流互感器绝缘电阻不符合 GB/T 20840.2—2014《互感器 第 2 部分：电流互感器的补充技术要求》、电压互感器绝缘电阻不符合 GB/T 20840.3—2013《互感器 第 3 部分：电磁式电压互感器的补充技术要求》的要求时，应更换为同一规格部件；防雷保护模块、浪涌保护器损坏时，应更换为同一规格防雷保护模块、浪涌保护器；散热风机无法正常转动、异响时，应更换风机。散热片变形、锈蚀、破损时，应更换散热片；储能变流器电压、电流、功率等数据显示异常或告警时，应对显示屏、传感器、采集线、通信模块、控制主板等部件进行修理或更换；通信功能异常时，应对通信模块、通信通道及控制主板等部件进行修理或更换；启停功能、紧急停机功能、充放电控制功能、功率控制功能、并离网切换功能、相序自适应功能、故障诊断和保护功能异常或充放电功率异常时，应对检测回路、控制主板、控制回路、功率模块等进行修理或更换。

（7）修后试验。储能变流器一次回路部件修理或更换后，应进行绝缘电阻测试，绝缘电阻应符合 GB/T 34120—2017 的要求；储能变流器控制模块、功率模块、电容器、电抗器、隔离变压器等重要部件更换后，应进行充放电控制功能、功率控制功能、电能质量、故障穿越能力和电网适应性试验，并符合 GB/T 34120—2017 的要求；储能变流器测量、保护、控制、通信等回路修理后，应进行故障诊断和保护功能、检测和监控功能、通信功能、并离网切换功能和相序自适应功能试验，并符合 GB/T 34120—2017 的要求。

5. 监控系统检修一般规定

（1）硬件设备更换时，宜更换为同一规格产品。

（2）重要软件升级或主要硬件更换后，应进行相应功能的修后试验。

（3）外观检查。检查人机界面，包括数据显示、刷新、画面调用等；检查散热设备，包括风扇、风机的转动、异响等；检查设备线束外观及连接紧固程度，包括破损、老化、松动、脱落等。

（4）检测试验。进行数据采集、控制与调节、通信、冷（热）备切换等功能试验；进行告警及事件生成、安全闭锁、历史数据查询、用户访问、报表生成、系统自诊断与自恢复等功能验证；进行不间断电源检测试验及设备接地检测试验。

（5）修理。人机界面数据显示异常、画面调用异常、控制功能异常时，应对通信通道、监控系统硬件等故障设备进行修理或更换；通信功能异常时，应对电源、通信通道、通信硬件等故障设备进行修理或更换；冗余功能异常时，应对故障冗余设备进行修理或更换；设备接地异常及不间断电源运行方式切换异常时，应对故障设备进行修理或更换；散热风扇、风机无法正常转动、异响时，应更换故障风扇、风机；设备线束连接松动时，应进行紧固；破损、老化时，应进行更换。

（6）修后试验。通信设备修理后，应进行通信、数据采集等功能试验；监控系统硬件修理后，应进行整体功能与性能试验；冗余设备修理后，应进行冗余功能试验；不间断电源及接地设备修理后，应进行不间断电源及接地试验；软件版本升级后，应对升级后的功能进行试验。

6. 辅助设施检修一般规定

（1）辅助设施检修包括储能厂房采暖通风与空气调节系统、预制舱等设施的检修。

（2）可燃气体探测装置与联动舱级和簇级断路器、通风系统联动功能失效，应检查设备本体及通信情况，异常时应进行修理或更换。

（3）供暖通风与空气调节系统。检查采暖器变形、破损、腐蚀及支架松动、电源接线连接紧固程度，异常时应进行修理或更换；检查温度控制器、温度传感器破损及连接紧固程度，异常时应进行修理或更换；检查通风风机变形、破损、腐蚀、转动、异响情况，异常时应进行修理或更换；检查百叶窗变形、破损、开闭情况，异常时应进行修理或更换；检查空气调节系统异响情况，异常时应进行修理或更换。

（4）预制舱。检查预制舱外观、密封情况，包括变形、沉降、破损、开裂、锈蚀、渗漏等，舱体破损、开裂、锈蚀、渗漏时应进行修理；变形、沉降时，应更换预制舱。检查接地引下线连接情况，松动时应紧固，接地电阻不满足要求时应进行处理。检查交、直流电缆孔洞，封堵破坏或脱落时应进行。检查舱内温、湿度、凝露，以及驱潮加热装置运行情况，温、湿度异常或出现凝露时，应采取除湿保温措施；驱潮加热装置无法正常运行时，应进行更换。检查舱内低压交流供电回路，无法正常供电时应进行修理或更换。检查浪涌保护器状态，浪涌保护器损坏时应更换为同一规格浪涌保护器。

7. 其他

变压器、开关、避雷器、互感器等一次设备检修应按照 DL/T 573—2021、DL/T 727—2013、DL/T 1686—2017《六氟化硫高压断路器状态检修导则》等规定执行；站用交、直流系统，继电保护与自动化，计量等二次设备检修应按照 DL/T 995—2016、DL/T 1664—2016《电能计量装置现场检验规程》的规定执行。

第七章

储能电站技术监督管理

第一节 技术监督异常管理

一、概述

（1）电化学储能电站设备运行异常时，电站运行人员应加强监视和巡视检查。

（2）电站运行人员发现设备异常时，应立即向运行值长汇报，并依据运行规程对异常设备进行处置。

（3）属于电网调度机构管辖设备发生异常时，运行人员在进行异常处理前应向调度值班人员汇报，并按照调度部门及运行规程要求对故障设备进行处置。

（4）当储能系统发生冒烟、起火等严重故障时，运行人员可不待调度指令立即停运相关储能系统，疏散周边人员，并立即启动灭火系统，联系消防部门并退出通风设施和变流器冷却装置，切断除安保系统外的全部电气连接。

（5）电化学储能电站在交接班时发生故障，运行人员应首先处理完故障再进行交接班。

（6）电化学储能电站升压站设备的异常运行与故障处理依据 DL/T 969—2005 执行。

（7）电站运行人员完成设备故障处理后，应向调度值班人员、运行管理部门和安全生产部门汇报故障及处理情况，配合相关部门开展故障调查，配合检修人员开展紧急抢修。

（8）电站运行人员处置异常或故障后应及时记录相关设备名称、现象、处理方法及恢复运行等情况，并按照要求进行归档。

二、技术监督异常告警管理

（1）电化学储能电站发生异常事件后，电站必须组织开展原因分析和防范措施制定等工作，并及时将异常情况汇报所属区域公司。报送内容应包括事件经过、人员伤亡情况、设备设施损坏情况、直接经济损失情况、原因分析、处理情况及防范措施等。

（2）电化学储能电站发生重大异常事件7日内，电站必须向上级技术监督主管部门上报分析报告。分析报告的内容应包括事件经过、检查处理情况、原因分析、暴露出的问题、防范措施等五方面内容，并附相关数据、曲线、记录、图纸、照片等资料。如果事件原因比较复杂，在7日内无法完成报告的，电站应及时向生产技术部门说明。

（3）电化学储能电站必须制定异常事件管理措施。当电化学储能电站发生重大异常事件后，区域公司负责审定暴露的管理问题并监督储能电站进行整改，要坚持"四不放过"原则，且储能电站相关人员必须"说清楚"。

（4）技术监督单位受委托参与储能电站重大异常事件的原因分析和防范措施制定等工作，负责审定暴露的技术问题及防范措施，审定后汇总报送集团公司。

三、技术监督经验反馈

（1）电化学储能电站邀请行业专家讲解技术监督工作的重要性，对技术监督管理办法理解、制度执行、管理手段、专业管理、日常工作等内容进行培训讲解，提高技术监督管理人员的素质，各级管理人员熟练掌握专业基础工作。

（2）技术监督单位应适时推广应用先进适用的在线检测技术及设备，提高设备检测诊断水平，利用现有的设备，认真采集设备信息，做到每一个设备试验数据真实、齐全，科学分析试验数据，合理评价设备状况。通过在线监测装置实时监控设备信息，提高设备分析、诊断、评估和预测功能。

（3）电化学储能电站应积极与上级单位、技术监督单位沟通，及时反馈设备存在的隐患。区域公司、技术监督单位应定期举行经验交流总结会，补充完善监督项目，切实提高设备运行水平。

第二节　技术监督日常工作管理

一、日常技术监督范畴

电化学储能电站技术监督是生产技术管理的一项重要基础工作，是设备全周期、全寿命的管理，应对电站在设计与选型、安装与调试、运行与维护、检修等所有环节实施全过程闭环监督管理。涵盖年度技术监督工作计划、定期组织召开技术监督会议、运行检修定期工作、技术监督工作和反措计划落实执行情况、隐患排查等工作。

二、技术监督定期工作及计划管理

（1）贯彻执行上级有关技术监督政策、规程、标准、制度、技术措施等，组织制定和审批电站技术监督工作计划，并认真组织实施。

（2）建立健全技术监督网络和各项规章制度，保证技术监督专责能够正确、充分履行其职责。

（3）开展技术革新和新技术推广应用，加强对专业人员的培养，保障技术监督队伍的稳定和人员素质的提高。

（4）督促、检查技术监督工作的落实情况，协调、解决技术监督工作中存在的问题，并对监督专责的工作进行考核。

（5）组织技术监督人员参加相关的事故调查分析，总结经验教训，制定反事故措施并督促落实。

（6）做好电化学储能电站检修后技术监督项目的验收工作。

（7）组织电站技术专责积极参加上级单位开展的培训。

（8）电化学储能电站技术监督网络活动一年一次，专业网络活动每季度一次，并形成会议纪要。

（9）认真做好日常监督工作，努力完成各项专业监督指标，做好每月一次的专业监督分析，按时完成季度总结和报表。

三、技术监督仪器配置及管理

（1）电化学储能电站试验设备、仪器仪表和备件的配置与管理应按照实际需要配备合格的试验设备、仪器仪表和备品备件，登记存档并定期送检，以保证其准确度。

（2）对新购置的仪器设备应逐台建立"仪器设备技术状态表"，记录主要技术性能、使用程度、出厂日期、仪器编号、价值、附件等。

（3）仪器设备使用、保养、维修实行专人管理，并制定相应实施细则。

（4）仪器保管人员调离工作时，必须办理交接手续，双方应按"仪器设备技术状态表"进行清点、检查，移交者应向接管人员介绍仪器的特点、技术状况、分布情况、注意事项等，要逐台办好交接手续后方能调离。

（5）仪器设备按国家、行业有关规程、标准规定的周期定期检定。

（6）仪器设备非正常损坏或丢失，应组织分析原因，查清责任。

（7）达到或超过规定使用年限且技术状态不良，不宜再修理使用的仪器，报主管领导后，履行固资报废手续。

四、信息报送管理

（1）电化学储能电站需全面完成下达的技术监督考核指标，并严格执行技术监督工作报告制度，定期向技术监督归口管理部门报送储能电站技术监督月报、季报、年报和工作总结；及时向区域公司报告电站事故和异常情况。

（2）根据电化学储能电站发展以及新技术、新设备应用推广情况，结合运行中出现的新问题，负责制订每年的技术监督计划，并在年底对电站技术监督工作进行总结。

（3）按照技术监督管理办法及细则要求的内容，按照规定时间上报月（季）度电站技术监督工作报表。

第三节　技术监督培训管理

一、概述

电化学储能电站技术监督工作归口职能管理部门，每年年初要根据人员变动情况及时对网络成员进行调整。按照人员培训和上岗资格管理办法的要求，定期对技术监督专责人进行培训，保证持证上岗。

二、技术监督持证人员资格管理

电化学储能电站技术监督专责人应持有集团公司颁发的上岗资格证书。电站要认真执行持证上岗的规定，无证人员不得承担检定（测）、试验工作。监督网络内的专业技术监督专责人名单应及时报送上级主管部门。

三、技术监督人员培训

电化学储能电站技术监督人员应具备相应的专业能力及技能，电站应组织技术监督人员积极参加各项技术监督专业及管理培训。

第四节　技术监督档案管理

一、设备台账

电化学储能电站应建立健全电站技术监督各项台账、档案、规程、制度和技术资料，确保技术监督原始档案和技术资料归档的完整性和连续性。

电化学储能电站应建立储能电站监督档案资料目录清册，根据监督组织机构的设置和设备的实际情况，明确档案资料的分级存放地点，并指定专人整理保管，及时更新。

二、技术监督档案管理内容

电化学储能电站的设计选型、安装调试、运行维护、检修等全过程监督档案资料应完整、连续，并与现场相符。

结合设备改造及时补充和修订电站运行及检修规程，实现监督工作制度化、标准化、科学化管理。

三、各专业主要技术监督档案清单

（1）电化学储能电站监督相关的现行有效的国家和行业标准、规程。

（2）电气设备检修、预试计划，监督工作总结及监督会议记录。

（3）设备缺陷记录，设备事故、异常分析记录。

（4）岗位培训制度、计划、记录。

（5）图纸及文件资料，主要包括以下内容。

1）一次系统图。

2）设备规范。

3）设备台账。

4）设备说明书、出厂试验报告、交接试验报告。

5）与设备质量有关的合同、协议和往来文件。

6）试验方案、作业指导书。

7）预防性试验报告。

8）特殊试验报告。

9）异常告警通知单。

（6）仪器仪表管理制度、文件资料。

1）仪器设备台账。

2）仪器设备说明书。

3）仪器设备操作规程。

4）年度校验计划。

5）检定证书。

第八章

储能电站技术监督检查与评价

第一节　概述

电化学储能电站应按照技术监督评价办法及相关评价细则要求，主动开展自查评及问题整改闭环工作，不断提高技术监督工作水平。

上级技术监督管理部门每年组织对电站技术监督工作开展现场评价和指标评价，并根据指标评价和现场评价结果，明确各储能电站技术监督评价等级，经审核、批准进行评价结果发布。

一、技术监督评价等级

电化学储能电站技术监督评价等级从高到低分为 A 级、B 级、C 级、D 级四个等级，A 级、B 级、C 级必须满足必要的条件。

二、技术监督评价原则

1. 技术监督 C 级储能电站必备条件

（1）在评价年度内，电化学储能电站未发生因本电站技术监督工作不到位引起的人身死亡事故，较大及以上设备事故、火灾与爆炸事故，未发生因本电站技术监督工作不到位造成的较大及以上触电或机械人身伤亡事故、突发环境事件（废污水污染、毒害气体泄漏、危化品与危害品泄漏等）、电网事故、水淹储能电站等事故。

（2）在评价年度内，电化学储能电站未发生因本电站技术监督工作不到位造成的各级环保部门认定的重大环境污染事件和破坏生态事件。

（3）电化学储能电站应建立确保技术监督工作有效开展的机制，制定符合本电站实际的技术监督工作标准，及时对监督检查发现问题进行整改，在一个评价年度内检查问题整改率应不小于 75%。

2. 技术监督 B 级储能电站必备条件

（1）具备技术监督 C 级储能电站所有必备条件。

（2）在评价年度内，电化学储能电站未发生因本电站技术监督工作不到位引起的人身重伤事故、一般设备事故、火灾事故等，未发生因本电站技术监督工作不到位造成的一般电网事故。

（3）在评价年度内，电化学储能电站未发生因本电站技术监督工作不到位造成的各级环保部门认定的重大环境污染事件和破坏生态事件。

（4）在评价年度内，电化学储能电站未发生因本电站技术监督工作不到位造成的环保问题被地市级及以上环保部门通报批评事件。

（5）电化学储能电站建立确保技术监督工作有效开展的机制，制定符合本电站实际的技术监督工作标准，及时对监督检查发现的问题进行整改，在一个评价年度内检查问题整改率应不小于 80%。

（6）电化学储能电站技术监督专责必须取得上岗资格证书。

3. 技术监督 A 级储能电站必备条件

（1）具备技术监督 B 级储能电站所有必备条件。

（2）电化学储能电站建立确保技术监督工作有效开展的机制，制定符合本企业实际的技术监督工作标准，及时对监督检查发现的问题进行整改，在一个评价年度内检查问题整改率应不小于 85%。

4. 其他要求

电化学储能电站除具备相应等级的必备条件外，还应满足以下要求。

（1）A 级：电站得分率 ≥ 90%，且在同类型电站中得分率排在前 20%。

（2）B 级：电站得分率 ≥ 85%，且在同类型电站中得分率排在前 50%。

（3）C 级：电站得分率 ≥ 70%。

（4）D 级：不满足上述标准的其他电化学储能电站。

第二节　检查与评价内容

电化学储能电站技术监督评价是按照规定的评价体系、评价标准和评价程序，通过技术监督检查、日常监督、年度对标等方式，对发电企业技术监督工作开展情况及工作效果进行赋分，并根据得分率排名及必要条件进行等级评价。

电化学储能电站技术监督检查评价内容包括：电站技术监督组织管理评价、电站技术监督范围及主要工作评价、电站技术监督指标评价三个部分。

一、电化学储能电站技术监督组织管理评价

技术监督组织管理评价包括电站技术监督网络建设、电站技术监督管理。

二、电化学储能电站技术监督范围及主要工作评价

技术监督范围及主要工作评价包括对电池、电池管理系统（BMS）、储能变流器（PCS）、能量管理系统（EMS）、变电装置、配电装置、继电保护及安全自动装置、电能计量系统、消防灭火系统、环境探测系统、热管理系统等进行检查与评价。

三、电化学储能电站技术监督指标评价

指标评价包括专业技术指标评价和专业管理指标评价。

（一）专业技术指标评价

（1）实际可充放电功率：计算电站评价周期内的实际可放电功率与电站额定功率的比值。

（2）电站评价周期内的实际可放电：计算实际可放电量与电站额定能量的比值。

（3）电站综合效率：计算电站评价周期内综合能量效率。

（4）电站储能损耗率：计算电站评价周期内的储能损耗率。

（5）站用电率：计算电站评价周期内站用电效率。

（6）调度响应成功率：计算电站评价周期内调度响应成功率。

（7）等效利用系数：计算电站评价周期内等效利用系数。

（8）非计划停运系数：计算电站评价周期内的非计划停运系数。

（9）可用系数：计算电站可用系数。

（二）专业管理指标评价

1.专业制度建设情况

储能电站应按照相关要求，制定完备的专业制度，包括并不限于以下内容：

（1）现场巡回检查制度。

（2）试验用仪器仪表管理制度。

（3）设备缺陷和事故统计分析制度。

（4）工具、材料、备品备件管理制度。

（5）技术资料管理制度。

（6）继保系统投退及试验管理制度。

（7）微机软件管理制度。

（8）设备质量监督检查签字验收制度。

（9）技术监督预、告警制度。

2. 专业报表提交情况

电化学储能电站应按照相关要求，及时提交各类专业报表，包括技术监督月报表、技术监督总结、技术监督计划等，并确保数据的真实可靠。报表提交及时率是企业在规定时间里提交完毕的报表占应提交的报表总数的比率。

3. 专业标准配备率

电化学储能电站应按照相关要求，配备并及时更新国家、行业、地方及上级有关电化学储能电站的法律法规、政策、标准。专业标准配备率按照上级技术监督管理部门当年度发布的《技术监督标准目录》及电站实际配置情况计算。

4. 专业档案建设情况

电化学储能电站应按照相关要求，建立完备的档案管理制度，保证档案资料的完备性以及对专业资料的全覆盖。

5. 持证上岗情况

电化学储能电站技术监督专责人必须持有集团公司颁发的技术监督上岗资格证。认真执行有关专业持证上岗的规定，无证人员不得承担检定（测）、试验工作。

6. 专业技术监督网络活动开展情况

电化学储能电站应定期开展电站各专业技术监督培训、例会等网络活动。

第三节 评价问题整改与闭环

电化学储能电站的问题整改计划应列入或补充列入年度监督工作计划，电站应按照整改计划落实整改工作，并将整改实施情况及时在技术监督月报表中总结上报。

对已整改完成的问题，电站应保存问题整改相关的试验报告、现场图片、影像等技术资料，作为问题整改情况及实施效果评估的依据。

第九章

储能电站技术监督管理信息化建设

第一节　信息化建设的目的及意义

　　储能电站技术监督信息化建设按照依法监督、分级管理的原则进行，其目的是构建完整的储能电站技术信息化监督体系，健全技术监督网络，明确各级人员职责任务，明确工作制度标准，强化培训交流，充实技术监督人员力量，严抓规程标准执行，促进"保证体系、监督体系"的建设完善和有效运转，筑牢设备管理基础工作，切实发挥技术监督基础性、保障性作用。依托智能化储能电站信息化技术监督平台，可对储能电站设备从设计审查、招标采购、设备选型及制造、安装调试及验收、运行、检修维护和技术改造的所有环节实施全过程技术监督和闭环管理。储能电站技术监督数字化系统的功能需求整体遵循"实用好用、简便高效、融入生产、指导生产"的原则提出。各项功能需求设计以实现储能电站技术监督信息化、数字化为核心，以推进储能电站技术监督标准化、规范化管理为目的，以提升储能电站技术监督管理水平、保障设备安全可靠为目标。

　　一般来说储能电站技术监督信息化建设有以下几个方面的意义：

　　（1）技术监督管理基础更加稳固。储能电站技术监督管理体系进一步健全，人员责任意识、监督意识有效增强，监督管理制度规范有效，监督网络活动充分活跃，监督计划统一规范，监督信息发布快捷畅通，储能电站技术监督体系运转实现规范化、流程化、数字化。

　　（2）检验试验工作更加自主规范。形成适应储能电站生产管理体系的检验试验体系，区域内建设功能齐备、标准统一、管理先进、人员精干的检验试验室，检验标准更加统一、检验手段更加先进、试验数据更加精准、数据采集更加高效，保障储能电站技术监督工作的基础数据来源。

（3）试验数据分析能力大幅提升。适应检验数据的海量采集和存储，强化试验数据分析能力，实现数据智能分析、预警告警机制联动、监督处理意见生成、指标跟踪复核的智能化、数字化试验数据流程链路。以监督指标超限判断、设备劣化趋势分析、设备状态跟踪为核心的集团、区域、储能电站管理主体三级检验试验数据分析体系全面建立并持续完善，实现指标分析科学精准，处理建议成熟合理，设备状态可控在控，充分发挥技术监督预防为主的作用。

（4）设备异常跟踪处理及支持系统持续完善。实时掌握设备异常处理进度、关键节点等重要信息，实现设备异常处理、家族性设备故障分析追踪、隐患排查措施制定、应急技术支持保障等环节的有机联动。确保典型问题被分析透彻、排查彻底，以及防范措施制定及执行到位，使储能电站设备异常跟踪及处理能力得到有效提升。

（5）监督评价体系更加科学合理。技术监督评价体系进一步完善，评价指标更加清晰，指标执行情况判断更加精准客观，指标赋分标准更加合理，评价体系更加智能化、数字化，评价准确性全面提升。

（6）人员技能水平持续提升。检验试验人员综合业务能力持续提升，能完成油品、电气、金属、表计等专业的试验检测工作，形成专业齐全、业务突出的技术骨干人才队伍。重点培养检验数据分析和诊断人员，提高指标分析精度，持续积累处理建议，故障诊断专家系统和设备故障库全面建立。完成培训课程库、专家库建设，线上培训及评价全面推广，人员培训渠道和效果得到有效拓展和提升。

（7）有效应对大规模发展背景下海量电芯数据量问题、实时处理问题、计算能力问题、储能安全热失控风险。尤其是电芯瑕疵及缺陷形成的位置、时间和形成具有随机性，无可复制且不引起外部信号变化，无法通过测试进行评估。一旦有显性的外部信号（如电池表面温度升高、电压异常等）变化，热失控随即发生，过程很突然，需要实现快速监测和主动预警。

第二节　储能电站技术监督信息化建设思路

储能电站技术监督信息化建设是以设备信息为基础、以规范标准为准则、以平台为依托、以专业化处理为手段，建立数据统一、响应及时、信息流畅、处理闭环的管理信息流程。其中信息化的设备是储能系统运行的基础，监督工作各项业务在业务流转平台进行流转，通过对各类专项工作的具体解决方案进行加工形成系统所需要的信息数据，而各类规范和标准则是对化学监督工作的规范和整理。

储能技术监督管理应用从主体上划分为三部分：一体化的信息平台、基础应用部分和高级应用部分。一体化的信息平台承载各种服务和应用，为各个系统的运行提供统一平台，实现各个系统在同一平台上的运行，方便对各个系统的管理和维护；基础应用部分主要是对标准、设备、计划和文档资料等方面的管理；高级应用部分主要是在一体化的信息平台和基础应用的基础上实现，主要包括对日常工作的管理分析和辅助决策等。

一、一体化的信息平台

　　储能技术监督管理的信息化、标准化可基于已建立和使用的与生产相关的诸多管理系统，借助信息化手段将上述系统数据进行整合，形成统一的数据库，按照需要监控指标的定义要求、预警范围，实现对指标值的实时监控、分析及处理等。同时，利用建立的技术监督管理平台，将技术监督国家（行业）标准、监督网络体系、反措执行情况、专业技术资料、设备异动管理等标准化后进行动态管理。通过信息化工具促进技术监督管理工作的标准化、规范化、精细化、高效化，真正为决策服务，实现生产全过程的监督信息、数据的集成及技术、经验、数据的共享。

　　对储能内各种设备和生产环节进行实时、准确的感知，并对所采集的数据进行处理和分析。支持一体化大屏展示，将各场站所在位置在地图上统一分层展示。展示内容包括电站在地图上的分布、发电量概况、电站规模的统计、实时告警统计、运维统计、社会贡献等指标。

二、基础应用部分

（一）标准法规管理

　　储能电站技术监督管理信息化应加强电力储能标准体系建设，加强平台储能技术监督体系与现行能源电力系统相关标准的有效衔接，积极推进关键储能标准实施落地，发挥标准的规范和引领作用，推进储能电站技术监督管理信息化规范性的提升。

　　标准规范管理涵盖了新型储能技术监督领域范围内需要共同遵守的标准，从标准层级上划分，包括国家、行业、团体和企业标准；从技术流程上划分，包括基础通用类、运行维护类、检修类、设备及试验类、安全环保类、技术管理类等标准。

（二）设备中心

　　设备中心涵盖储能电站的基本信息录入，方便技术监督人员进行电站信息的管控。储能电站的基本情况、运行数据等资料主要包括以下内容：

　　（1）储能电池类型，储能单元额定功率、额定能量和系统结构等。

　　（2）变、配电设施的电压等级、电气主接线、主设备型号与参数、站用电系统等。

　　（3）电站监控系统与电池管理系统结构及主要监控项目等。

　　（4）电站及储能单元功率、电压、电流、电量等运行数据。

　　（5）电站电力系统调度记录，电站及储能单元运行故障、检修记录等。

　　（6）电池温度、电压、电流信息等。

　　（7）电池 BMS 和 EMS 的重要告警信息等。

　　（8）设备中心对台账信息中的某一类设备信息进行详细数据展示，确保区域范围内固定资产集中管理与呈现。

（三）监督报表

为满足生产数据的分析和报表需求，进度报表需要涵盖统一的报表自定义数据平台，可灵活定义数据源、计算公式及输出格式，实现报表自动生成。

监督报表包括储能电站的设备原始数据报表、分层级报表、常用报表及自定义报表等。

按不同层级分类统计报表，主要包括集团级、区域级、电站级、设备级报表，数据主要涉及资源指标、能耗指标及运营指标等。

（四）监督培训

储能电站技术监督培训部分涵盖监督培训课程、培训课程精准推送、培训台账、培训考试等功能；建立技术监督人员技能培训和评价体系，完善技能培训和评价标准，为储能电站技术监督工作的技能培训、业务能力评价提供依据。

培训课程设置应以需求为导向，分岗位、分专业、分等级设置培训课程；设置日常课程与定期课程；实现培训课程的标准化配置；结合技术监督试验、管理模块实现培训课程精准推送，实现培训内容的针对性设置。

借助技能鉴定和培训数字系统，开展人员技能和业务胜任力评价工作，建立考评机制，实现全面推广岗位技能标准、岗位胜任力测评、现场生产人员全部持证上岗的目标。

三、高级应用部分

（一）技术监督信息化管理

储能电站在运行、维护过程中，以及遇到异常和故障事件时，利用信息管理系统实现实时监控，在信息一体化的管理模式中，建立一个管理信息系统和分散控制系统之间的网络系统，且该网络系统具有容量较大、安全高速的特点。

（二）检验试验

储能电站技术监督信息化平台应具有获取试验数据的功能，实现对各类试验过程及结果的实时监督。试验数据直接接入技术监督平台，实现数据直接录入。数据进入数据库后自动对应至相关设备，并可自动开展分析工作，具备对试验检测数据进行横向和纵向比较分析功能。全域的检验试验数据接入是后续试验数据分析，甚至是设备异常跟踪的基础。

（三）试验数据分析

储能电站技术监督信息化平台应具有试验数据分析及预（告）警功能。平台通过试验数据采集，自动开展数据分析，通过数据的比对分析提高现场自主诊断分析能力，提高工作效率。数据分析应包括试验数据的标准值或阈值范围判断，历次试验数据的趋势分析，对于接近或超出合格范围的数据设置指标预警、告警功能，对设备状态进行实时监测及趋势预测，达到充分利用试验数据开展储能电站设备状态诊断工作的目的，提高现场诊断分析预测能力。在设计试验数据的分级诊断功能中，系统自动分析数据后也可加入人工判断模块，提高诊断分析的准确度。

（四）设备异常跟踪

储能电站技术监督信息化平台应具有重大设备异常跟踪功能，可以提升储能电站异常事故的分析及处理能力，逐步实现对单一设备或存在家族性缺陷的设备的分析判断，为基建设备选型、检修技改、共性问题排查治理提供依据。

（五）储能安全诊断

利用锂离子电池储能电站主动安全预警算法，实现对内短路、热失控等典型故障的在线预警。基于大数据的云边协同的故障精准诊断和主动安全管理系统为电化学储能在新型电力系统大规模应用提供主动安全技术支撑。

（六）监督评价

为了实现全过程技术监督的闭环管理，有效发挥指标评价的导向作用，保证储能电站安全、优质和经济运行，技术监督信息化平台评价体系应具备以下功能：

（1）监督管理评价功能。通过技术监督管理平台各管理版块数据，主要对储能电站技术监督管理进行综合评价。技术监督管理评价应具备赋分评价，技术监督问题整改汇总及整改率计算等功能。

（2）设备状态评价功能。主要是对储能电站主要设备，依据平台试验数据分析及预（告）警、重大设备异常故障等技术指标对设备状态进行综合评价。技术监督指标应根据各专业特点，从平台关联能反应设备状态的重要数据，应包括设备的异常报警次数等。对于重大设备异常、监督指标预（告）警、监督指标告警应分权重赋分评价，技术监督指标告警应分级统计。

（3）建立技术监督评价指标体系和评价模型。对储能电站的技术监督工作进行有效、合理的评价，实现技术监督体的闭环管理。

第三节 储能电站技术监督工作展望

技术监督信息化系统帮助储能电站建立受监督设备的数据资产，从基础数据中规范和提纯。未来技术监督平台的发展会更多地结合信息系统获取的大数据，结合人工智能手段进行技术监督工作。通过搭建、整合技术监督管控平台，利用大数据对受监督设备的可靠性进行定量评价，从安装规范、质量等级、技术资料、逻辑可靠、人员技能、定期工作、定期检修、运行质量、技术管理、时间累积等方面进行全方位、多视角管控。

通过专家诊断智能算法，实现设备状态评估自动化、设备风险评估自动化、设备寿命评估自动化、设备经济性评估自动化，技术监督将实现质的飞跃。